U0283209

国家出版基金项目

"十三五"国家重点图书出版规划项目

"十四五"时期国家重点出版物出版专项规划项目

中国水电关键技术丛书

活动断裂带
与水电工程地质

杨建 吴德超 范俊喜 王道永 张东升 等 著

中国水利水电出版社
www.waterpub.com.cn

·北京·

内 容 提 要

本书系国家出版基金项目《中国水电关键技术丛书》之一，是有关活动构造与水电工程应用的专著；以澜沧江断裂带为例，系统论述了其活动性及对水电工程影响的若干重大地质问题，包括澜沧江断裂带的区域构造动力学背景、几何展布、活动性与分段特征、潜在发震能力、部分河段断裂发育特征及活动性，断裂带活动性对水电工程抗震、抗断影响分析，以及地震地质灾害分析与对策研究。本书既有对断裂活动性研究方法的总结，又有对研究成果创新性的分析和提炼，提出了水电工程区域构造稳定性、断裂活动性及地震地质灾害的最新研究成果和研究方向。

本书资料丰富，重点突出，观点明确，有较强的实用性。可供从事活动构造研究、地震活动性研究、水电水利工程勘察的技术人员、高等院校相关专业师生参考。

图书在版编目（CIP）数据

活动断裂带与水电工程地质 / 杨建等著. -- 北京：
中国水利水电出版社，2023.10
（中国水电关键技术丛书）
ISBN 978-7-5226-1867-8

Ⅰ．①活… Ⅱ．①杨… Ⅲ．①水利水电工程－工程地
质－活动断层－断裂带－研究 Ⅳ．①P642

中国国家版本馆CIP数据核字(2023)第202128号

书　　名	中国水电关键技术丛书 **活动断裂带与水电工程地质** HUODONG DUANLIEDAI YU SHUIDIAN GONGCHENG DIZHI
作　　者	杨建　吴德超　范俊喜　王道永　张东升　等 著
出版发行	中国水利水电出版社 （北京市海淀区玉渊潭南路1号D座　100038） 网址：www.waterpub.com.cn E-mail：sales@mwr.gov.cn 电话：（010）68545888（营销中心）
经　　售	北京科水图书销售有限公司 电话：（010）68545874、63202643 全国各地新华书店和相关出版物销售网点
排　　版	中国水利水电出版社微机排版中心
印　　刷	北京印匠彩色印刷有限公司
规　　格	184mm×260mm　16开本　11.25印张　280千字
版　　次	2023年10月第1版　2023年10月第1次印刷
印　　数	0001—1000册
定　　价	**108.00元**

《中国水电关键技术丛书》组织单位

中国大坝工程学会
中国水力发电工程学会
水电水利规划设计总院
中国水利水电出版社

《活动断裂带与水电工程地质》
编写人员名单

主　编：杨　建　吴德超

副主编：范俊喜　王道永

编　写：张东升　郭德存　何万通　肖万春　王文远

　　　　钟辉亚　周荣军　常祖峰　吴述彧　李鹏飞

　　　　徐云海　肖　鹏　王世元　赵德军　杨　军

　　　　周红喜　徐云海　王　昆　彭烁君　韩益民

　　　　蒋　祥　张伟恒

审　稿：袁建新

参加工作人员
（按姓氏笔画排序）

王　昆	王文远	王世元	王寿宇	王晓朋	王惠明
王道永	孔　军	艾永平	龙建宇	卢　吉	叶永年
冯汉斌	刘　祥	刘　韶	李　跃	李佳武	李鹏飞
杨　军	杨　建	杨成龙	肖　鹏	肖万春	吴述彧
吴德超	何万通	余　波	迟福东	张东升	陈　兵
陈鸿杰	范俊喜	罗俊超	周红喜	周荣军	郑克勋
赵代尧	赵富刚	赵德军	胡大儒	钟辉亚	段兴林
贺　灿	袁　红	徐云海	郭　瑾	郭德存	常祖峰
梁兴中	蒋　祥	韩　啸	韩益民	童　尫	曾金华

历经 70 年发展，特别是改革开放 40 年，中国水电建设取得了举世瞩目的伟大成就，一批世界级的高坝大库在中国建成投产，水电工程技术取得新的突破和进展。在推动世界水电工程技术发展的历程中，世界各国都作出了自己的贡献，而中国，成为继欧美发达国家之后，21 世纪世界水电工程技术的主要推动者和引领者。

截至 2018 年年底，中国水库大坝总数达 9.8 万座，水库总库容约 9000 亿 m^3，水电装机容量达 350GW。中国是世界上大坝数量最多、也是高坝数量最多的国家：60m 以上的高坝近 1000 座，100m 以上的高坝 223 座，200m 以上的特高坝 23 座；千万千瓦级的特大型水电站 4 座，其中，三峡水电站装机容量 22500MW，为世界第一大水电站。中国水电开发始终以促进国民经济发展和满足社会需求为动力，以战略规划和科技创新为引领，以科技成果工程化促进工程建设，突破了工程建设与管理中的一系列难题，实现了安全发展和绿色发展。中国水电工程在大江大河治理、防洪减灾、兴利惠民、促进国家经济社会发展方面发挥了不可替代的重要作用。

总结中国水电发展的成功经验，我认为，最为重要也是特别值得借鉴的有以下几个方面：一是需求导向与目标导向相结合，始终服务国家和区域经济社会的发展；二是科学规划河流梯级格局，合理利用水资源和水能资源；三是建立健全水电投资开发和建设管理体制，加快水电开发进程；四是依托重大工程，持续开展科学技术攻关，破解工程建设难题，降低工程风险；五是在妥善安置移民和保护生态的前提下，统筹兼顾各方利益，实现共商共建共享。

在水利部原任领导汪恕诚、张基尧的关心支持下，2016 年，中国大坝工程学会、中国水力发电工程学会、水电水利规划设计总院、中国水利水电出版社联合发起编撰出版《中国水电关键技术丛书》，得到水电行业的积极响应，数百位工程实践经验丰富的学科带头人和专业技术负责人等水电科技工作者，基于自身专业研究成果和工程实践经验，精心选题，着手编撰水电工程技术成果总结。为高质量地完成编撰任务，参加丛书编撰的作者，投入极大热情，倾注大量心血，反复推敲打磨，精益求精，终使丛书各卷得以陆续出版，实属不易，难能可贵。

21 世纪初叶，中国的水电开发成为推动世界水电快速发展的重要力量，形成了中国特色的水电工程技术，这是编撰丛书的缘由。丛书回顾了中国水电工程建设近30年所取得的成就，总结了大量科学研究成果和工程实践经验，基本概括了当前水电工程建设的最新技术发展。丛书具有以下特点：一是技术总结系统，既有历史视角的比较，又有国际视野的检视，体现了科学知识体系化的特征；二是内容丰富、翔实、实用，涉及专业多，原理、方法、技术路径和工程措施一应俱全；三是富于创新引导，对同一重大关键技术难题，存在多种可能的解决方案，并非唯一，要依据具体工程情况和面临的条件进行技术路径选择，深入论证，择优取舍；四是工程案例丰富，结合中国大型水电工程设计建设，给出了详细的技术参数，具有很强的参考价值；五是中国特色突出，贯彻科学发展观和新发展理念，总结了中国水电工程技术的最新理论和工程实践成果。

与世界上大多数发展中国家一样，中国面临着人口持续增长、经济社会发展不平衡和人民追求美好生活的迫切要求，而受全球气候变化和极端天气的影响，水资源短缺、自然灾害频发和能源电力供需的矛盾还将加剧。面对这一严峻形势，无论是从中国的发展来看，还是从全球的发展来看，修坝筑库、开发水电都将不可或缺，这是实现经济社会可持续发展的必然选择。

中国水电工程技术既是中国的，也是世界的。我相信，丛书的出版，为中国水电工作者，也为世界上的专家同仁，开启了一扇深入了解中国水电工程技术发展的窗口；通过分享工程技术与管理的先进成果，后发国家借鉴和吸取先行国家的经验与教训，可避免走弯路，加快水电开发进程，降低开发成本，实现战略赶超。从这个意义上讲，丛书的出版不仅能为当前和未来中国水电工程建设提供非常有价值的参考，也将为世界上发展中国家的河流开发建设提供重要启示和借鉴。

作为中国水电事业的建设者、奋斗者，见证了中国水电事业的蓬勃发展，我为中国水电工程的技术进步而骄傲，也为丛书的出版而高兴。希望丛书的出版还能够为加强工程技术国际交流与合作，推动"一带一路"沿线国家基础设施建设，促进水电工程技术取得新进展发挥积极作用。衷心感谢为此作出贡献的中国水电科技工作者，以及丛书的撰稿、审稿和编辑人员。

中国工程院院士

2019 年 10 月

水电是全球公认并为世界大多数国家大力开发利用的清洁能源。水库大坝和水电开发在防范洪涝干旱灾害、开发利用水资源和水能资源、保护生态环境、促进人类文明进步和经济社会发展等方面起到了无可替代的重要作用。在中国，发展水电是调整能源结构、优化资源配置、发展低碳经济、节能减排和保护生态的关键措施。新中国成立后，特别是改革开放以来，中国水电建设迅猛发展，技术日新月异，已从水电小国、弱国，发展成为世界水电大国和强国，中国水电已经完成从"融入"到"引领"的历史性转变。

迄今，中国水电事业走过了 70 年的艰辛和辉煌历程，水电工程建设从"独立自主、自力更生"到"改革开放、引进吸收"，从"计划经济、国家投资"到"市场经济、企业投资"，从"水电安置性移民"到"水电开发性移民"，一系列改革开放政策和科学技术创新，极大地促进了中国水电事业的发展。不仅在高坝大库建设、大型水电站开发，而且在水电站运行管理、流域梯级联合调度等方面都取得了突破性进展，这些进步使中国水电工程建设和运行管理技术水平达到了一个新的高度。有鉴于此，中国大坝工程学会、中国水力发电工程学会、水电水利规划设计总院和中国水利水电出版社联合组织策划出版了《中国水电关键技术丛书》，力图总结提炼中国水电建设的先进技术、原创成果，打造立足水电科技前沿、传播水电高端知识、反映水电科技实力的精品力作，为开发建设和谐水电、助力推进中国水电"走出去"提供支撑和保障。

为切实做好丛书的编撰工作，2015 年 9 月，四家组织策划单位成立了"丛书编撰工作启动筹备组"，经反复讨论与修改，征求行业各方面意见，草拟了丛书编撰工作大纲。2016 年 2 月，《中国水电关键技术丛书》编撰委员会成立，水利部原部长、时任中国大坝协会（现为中国大坝工程学会）理事长汪恕诚，国务院南水北调工程建设委员会办公室原主任、时任中国水力发电工程学会理事长张基尧担任编委会主任，中国电力建设集团有限公司总工程师周建平、水电水利规划设计总院院长郑声安担任丛书主编。各分册编撰工作实行分册主编负责制。来自水电行业 100 余家企业、科研院所及高等院校等单位的 500 多位专家学者参与了丛书的编撰和审阅工作，丛书作者队伍和校审专家聚集了国内水电及相关专业最强撰稿阵容。这是当今新时代赋予水电工作者的一项重要历史使命，功在当代、利惠千秋。

丛书紧扣大坝建设和水电开发实际，以全新角度总结了中国水电工程技术及其管理创新的最新研究和实践成果。工程技术方面的内容涵盖河流开发规划，水库泥沙治理，工程地质勘测，高心墙土石坝、高面板堆石坝、混凝土重力坝、碾压混凝土坝建设，高坝水力学及泄洪消能，滑坡及高边坡治理，地质灾害防治，水工隧洞及大型地下洞室施工，深厚覆盖层地基处理，水电工程安全高效绿色施工，大型水轮发电机组制造安装，岩土工程数值分析等内容；管理创新方面的内容涵盖水电发展战略、生态环境保护、水库移民安置、水电建设管理、水电站运行管理、水电站群联合优化调度、国际河流开发、大坝安全管理、流域梯级安全管理和风险防控等内容。

丛书遵循的编撰原则为：一是科学性原则，即系统、科学地总结中国水电关键技术和管理创新成果，体现中国当前水电工程技术水平；二是权威性原则，即结构严谨，数据翔实，发挥各编写单位技术优势，遵照国家和行业标准，内容反映中国水电建设领域最具先进性和代表性的新技术、新工艺、新理念和新方法等，做到理论与实践相结合。

丛书分别入选"十三五"国家重点图书出版规划项目和国家出版基金项目，首批包括50余种。丛书是个开放性平台，随着中国水电工程技术的进步，一些成熟的关键技术专著也将陆续纳入丛书的出版范围。丛书的出版必将为中国水电工程技术及其管理创新的继续发展和长足进步提供理论与技术借鉴，也将为进一步攻克水电工程建设技术难题、开发绿色和谐水电提供技术支撑和保障。同时，在"一带一路"倡议下，丛书也必将切实为提升中国水电的国际影响力和竞争力，加快中国水电技术、标准、装备的国际化发挥重要作用。

在丛书编写过程中，得到了水利水电行业规划、设计、施工、科研、教学及业主等有关单位的大力支持和帮助，各分册编写人员反复讨论书稿内容，仔细核对相关数据，字斟句酌，殚精竭虑，付出了极大的心血，克服了诸多困难。在此，谨向所有关心、支持和参与编撰工作的领导、专家、科研人员和编辑出版人员表示诚挚的感谢，并诚恳欢迎广大读者给予批评指正。

《中国水电关键技术丛书》编撰委员会

2019 年 10 月

大量震例统计表明，7级以上强震往往会在地表造成数米的错动，横跨于活断层的建筑物和构筑物会遭到严重破坏。在当前科技水平下，人类设计的工程抗断措施还难以承受地震断层巨大的破坏力。大型水电工程库容大，强烈地震和地表破裂导致的大坝失事会带来严重的次生灾害。国家标准《水力发电工程地质勘察规范》（GB 50287—2016）规定"大坝等挡水建筑物不应建在已知的活动断层上"。断裂活动性和地震活动性是区域构造稳定性评价的重要指标，是水电工程开发和建设的一项重要工作。区域性断裂分布和活动性研究关系到水电工程建设成败，对保证大坝安全具有十分重要的意义。

澜沧江流域位处中国西南三江造山带，大地构造、地震构造背景复杂，新构造、活动构造发育，地震活动强烈。在基础地质或工程地质领域，前人对澜沧江断裂带均进行了大量的研究，但受该区复杂的构造、地震背景、困难的工作条件及工作方法的限制，不同研究团队对澜沧江断裂带几何展布、分段特征、断裂活动性、地震活动性、断层发震能力等的认识大相径庭，对水电工程前期工作的顺利推进产生了明显影响。

为推进澜沧江水电开发与建设，针对澜沧江断裂带对水电工程的影响，在澜沧江上游区域开展了科学研究工作，完成了大量的野外调查、勘探、年龄样品测试，取得了一系列新的认识和重要进展，主要有以下六个方面。一是，厘定了澜沧江断裂带几何学特征，即澜沧江断裂带为内部组成复杂、结构复杂的区域性断裂带，由东支断裂、中支断裂及西支断裂组成，三条断裂由西向东逆冲推覆，构成向西～南西陡倾的叠瓦构造，具分支复合现象。二是，提出澜沧江断裂带西支断裂、中支断裂为早-中更新世断裂，不属于活动断裂。三是，厘定澜沧江断裂（即东支断裂）具有分段活动性，主松洼以北为晚更新世活动断裂，吉塘等局部段存在全新世活动迹象；主松洼以南未发现整体活动的证据，总体为早-中更新世断裂，仅在曲孜卡乡局部地段存在晚更新世以来的活动迹象。四是，澜沧江上游河段地震分布较零散，破坏性地震及小震均未沿澜沧江断裂带呈线性展布，澜沧江断裂带对地震活动的控制不明显。五是，澜沧江结合带、金沙江结合带、班公湖—怒江结合带、雅鲁藏布江结合带，早期为板块缝合带（区域性深大断裂带），但经过长期的地质演化，总体已不具明显的活动性，仅在一些次级断裂、与后期切割断裂交汇部位或产状急变的转折地段显示出一定的活动性。六是，澜沧江断裂南段具备 7.0～7.5 级地震潜在发震能力，北段具备 7.5 级左右地震潜在发震能力。

本书共分为 6 章：第 1 章介绍了国内外活动断层及澜沧江断裂带研究进展等；第 2 章论述了区域地震地质环境；第 3 章论述了澜沧江断裂带组成、几何展布、构造规模、活动性分段及潜在发震能力；第 4 章论述了澜沧江上游部分河段构造发育特征及断裂活动性；第 5 章论述了区域构造稳定性、地震地质灾害，对水电开发的影响及对策；第 6 章总结了工作进展与下步工作展望。希望本书的出版，可以为其他水电工程建设及该地区构造地质研究和铁路、公路等基础设施建设提供参考借鉴。

本书是多个流域水电开发、水电勘察设计、科学研究单位及教学科研团队多年来集体工作和研究成果的总结。中国电力建设集团周建平总工程师作出开展书稿编撰、纳入《中国水电关键技术丛书》公开出版的指示。在书稿编撰过程中得到了全国工程勘察设计大师李文纲、中国地震灾害防御中心副主任田勤俭研究员、应急管理部国家自然灾害防治研究院马保起研究员的技术指导，还得到了中国电力建设集团科技与工程管理部，水电水利规划设计总院、科技标准部领导、水电工程部的大力支持和帮助。在此对有关单位领导、专家和工作人员表示衷心的感谢！

限于作者水平，书中不足之处在所难免，敬请广大读者批评指正。

作者

2022 年 10 月

目录

第 1 章

绪论

1.1 活动断层对工程的影响研究

1.1.1 国内外活动断层研究进展

活动断层作为地震动参数图编制、重大工程场地选址和生命线工程安全评价的重要影响因素，中外学者给予了各不相同的定义。"活动断层"最早是由美国学者对发生于 1906 年旧金山 8.3 级地震的圣安德列斯（San Andreas）断裂进行详细研究后提出的一个科学术语。在美国、日本、中国台湾地区，活动断层指全新世期间或距今约 1.1 万年以来有过活动的断层，是具有再次发生地表破裂型地震（$M \geqslant 6.5$）的潜在震源。中国和新西兰、希腊等国家自 20 世纪七八十年代引进活动断层概念以来，在地震地质研究实践中认识到，一些晚更新世以来或距今 12 万年以来有过活动的断层也能够发生地表破裂型地震，于是将活动断层重新定义为晚第四纪或距今 12 万年以来有过活动的断层。曾经发生和可能发生地表破裂型地震的活断层又称为地震活动断层。

"活动断层"又称为"活断层"，指现今正在活动的、并在未来一定时期内仍有可能活动的断层。由于断层活动性对不同类型工程的影响程度不同，不同行业关于活动断层的定义也不同。我国国家标准《活动断层探测》（GB/T 36072—2018）中将距今 12 万年以来有过活动的断层，包括晚更新世断层和全新世断层称为活动断层。《海上风力发电场勘测标准》（GB 51395—2019）将活动断裂时间下限确定为 1.0 万年（全新世）。《核电厂抗震设计规范》（GB 50267—2019）将地震活动断层定义为"可能发生破坏性的断层"。可见，关于断层活动性的评价需要考虑工程的重要程度，根据工程等级和抗断要求不同，要有相应的断裂活动时间下限要求。考虑到中国大陆地壳的构造变动强烈，第四纪断层众多，同时又能满足各级工程地震安全性评价和地震危险性评估的适用性和有效性，水电行业标准《水电工程区域构造稳定性勘测规程》（NB/T 35098—2017）采纳与地震系统标准一致的断层活动性判别标准，将晚更新世以来或距今 10 万年以来有活动的断层定义为活动断层。

国外对活动断裂的研究已有 100 多年的历史。自 A. C. Lawson 等考察了圣安德列斯断裂，首次提出了"活动断层"以来，世界上许多国家先后广泛开展了活动断层调查研究，特别是美国、日本、苏联，在这方面做得更为出色。

20 世纪 50 年代后期至 80 年代，新的技术和方法不断出现，新的概念不断提出，对活动构造的研究得以进一步深入，如古地震的研究、断裂分段概念的发展、褶皱地震的发现、海域活动断裂的探测、概率地震危险性分析等。松田时彦等建立了震级与地表破裂长度、震级与地表位错量的关系等，提出了晚更新世以来有过活动的包括活断层、活动褶皱、活动盆地、活动隆起等构造为活动构造的概念。

20 世纪 90 年代的国际岩石圈计划中，对活动断裂和古地震均作了研究，例如由

V. G. Trifonov 主持编制世界主要活动断裂图，由 R. S. Yeats 主持古地震研究专题讨论会、组织和出版专集等。

我国活动构造研究开始于 20 世纪 20—40 年代，翁文灏、常隆庆和陈国达等分别对宁夏海原、四川叠溪和广西灵山的地震进行了考察，开始对一些大地震及其与断裂活动的关系进行了考察和研究。20 世纪 50 年代后期，在进行中国地震区划及三峡、丹江口和新丰江水电站等国家重大工程建设中，李坪等研究了上述地区断裂活动对工程建设的影响。1958 年年初，中国科学院召开了第一次新构造运动座谈会，黄汲清、徐煜坚等对一些地区的新构造和断裂活动进行了讨论交流。

1960 年以后，随着我国大规模工程建设项目的增加和各种观测技术的发展与应用，活动断裂研究有了更高层次的发展。在丁国瑜主持下，中国地震学会地震地质专业委员会召开了以活动断裂和古地震为主题的第一次学术讨论会，并于 1982 年出版了论文集《中国活动断裂》，这是我国以活动断裂为书名和主题的最早和最重要的著作。

从 20 世纪 80 年代起，我国活动断层研究开始进入了定量化研究及大量高新技术应用的阶段。高分辨率遥感技术、高密度电法、浅层地震勘探、探地雷达等技术手段，为活动断层研究的快速发展提供了强有力的支撑。

近年来，尤其是"5·12"汶川地震以来，伴随大规模的城市发展，交通与生命线工程的建设，城市活动断层勘察、区域活动断层普查都持续进行。为了规范活动断裂勘测行为，一些学术团体、政府部门制定专门的活动断裂勘察技术要求或行业标准，勘察成果为城市规划、土地利用、重大工程建设提供重要地质资料。

1.1.2 活动断层研究对工程安全的重要意义

活动断层（活断层）或活动断裂是地球表面重要构造类型，对地震活动、火山喷发、地面沉降、地裂缝等地质灾害都有显著控制作用，对人类活动和重大工程安全具有重要影响。活断层对工程建筑物的影响表现为两个方面。一方面是由于断层活动形成的地面错动（例如：地震地表破裂）直接损害跨越该断层修建的建筑物；有些断层活动会在断层两侧形成地表变形带，影响到邻近的建筑物。另一方面是有些以黏滑形式活动的断层活动会伴有地震发生，强烈的地震波会对较大范围内的建筑物造成损害。活动断层的活动形式无论是长期蠕滑还是黏滑，都可对建筑物造成直接损害。

活动断裂带内断层的产状、准确分布位置、影响带宽度、运动性质、活动样式、活动历史、滑动速率、地震活动习性、未来活动趋势等，是工程地质研究中所需要解决的重要问题。一般而言，为了确保工程安全，工程设施应避开活动断裂，但对某些特殊工程，如输油管道、输气管道、公路及铁路等线状分布的工程有时无法做到这一点，此时不仅要进行定性分析或危险程度的分类划分，而且要尽可能对断层的活动样式及滑动速率作出定量评价并提出具体防灾措施。

断层的活动导致水电工程损害的事件时有发生，严重的大坝失事事件在国内外也不乏其例。

美国赫布根（Hebgen）大坝是跨越活断层的典型事例。该坝为混凝土心墙土石坝，高 37.5m，库容 4.27 亿 m^3，1915 年建成。赫布根断层通过大坝右坝头，平行水库右岸延伸。1959 年 8 月 17 日，该断层突发里氏 7.1 级强烈地震，震中烈度达到Ⅹ度。地震中赫布根断层垂直错动 4.6～5.5m，以水库为中心的几十平方千米范围内，地面沉陷了 3～4.5m，坝下基岩也下降了 3m。地震使赫布根大坝遭受严重变形破坏，坝体相对基岩发生沉陷，右坝肩下沉 20～25cm，坝的中部心墙上游坝体沉陷 1.83m，靠近右岸的混凝土心墙上出现 4 条垂直裂缝，缝宽 7.6～30cm。事后的分析表明，坝体不同部位的沉陷，可能分别与坝基覆盖层的压密、上游坝坡土壤饱和而造成地震时发生剪切位移等原因有关。

美国奥本（Auburn）大坝，设计坝高 213m，坝长 1265m，从 1947 年起，美国垦务局地质人员就开始在坝址区作地质调查，认为 300km 范围内的断裂是不活动的。1975 年 8 月，在大坝截流已完成、坝基开挖近 12m 时，发生了奥罗维尔（Oroville）地震，震中距坝址约 60km。为了保证大坝的安全，又开始重新调查和评价奥本地区的断层和地震活动性，结果在坝址区发现 6 条活动断层，距离大坝最近的仅 800m。尽管提出了各种工程对策，最后仍于 1979 年作出了大坝停建的决定，所有的前期工作都废弃了。

我国新疆克孜尔水库是建造在克孜尔活断层上的一座大（1）型水利枢纽工程，是我国在已探明活断层上建成的第一座大型水库。克孜尔断层横穿库区及副坝，是一条全新世活动逆断层，在水库副坝右坝肩处有 3 个分支面，出露高程 1131.50～1153.70m，在库坝区该段长约 10km。在克孜尔活断层与却勒塔格断层间有叠瓦断层带，地层局部近直立或倒转，层间滑动明显。在南北向压应力作用下，克孜尔断层结构面上分解出垂直结构面的挤压应力和平行结构面的反扭水平应力，表现为跨断层基线逐渐缩短，水准测量表明上盘上升、下盘下降，断层两盘相对左旋扭错。1966 年，在该工程初步设计勘测时明确指出，克孜尔断层至今还在活动。通过对克孜尔断层的活动性质、活动量进行分析，认为依据库坝区所处的区域构造部位及当今坝工设计水平，可以建坝。夏新利指出，克孜尔水库的建设实属不得已而为之，应认真加以总结（夏新利 等，2015）。

我国台湾地区的石冈重力坝由于地震活断层通过坝基，在强震时因地表破裂而毁坏。石冈混凝土重力坝，位于大甲溪下游，于 1977 年完工，坝高 21.4m，长 352m。在 1999 年台湾 7.3 级集集地震中，相距约 10km 的车笼埔断层和双冬断层都产生了错动，车笼埔断层在石冈坝下游 3km 处通过。地震后经勘测发现，地震发生时，坝址附近新产生了 8 条次级断层，其中 1 条次级断层恰好通过石冈坝的坝轴线，活断层通过处，坝体完全被毁，断层两边坝顶产生约 7.8m 的垂直错动，三扇弧形闸门完全毁坏，库水大量流失。地震后，该坝平均向北位移 7.0m，向西位移 0.98m。附近地震台实测最大加速度，东西向 570Gal，南北向 410Gal，垂直向 480Gal，这是迄今全世界唯一被地震活动断层摧毁的混凝土坝（朱伯芳，2013）。

2008 年 5 月 12 日，我国四川汶川发生 8.0 级地震。"5·12"地震具有震级高、震源浅、破坏性强、波及面广、持续时间长及次生地质灾害严重等特点。震中最大烈度达Ⅺ度。地震导致四川盆地西缘（青藏高原东缘）龙门山断裂带的中央断裂和前山断裂迅速向北东方向破裂，形成长达约 300km 的地震破裂带，同时，也使龙门山和四川盆地的边界沿线发生了 9m 多的滑动（Liu et al.，2017）。林鹏 等（2009）在对震区高坝灾情归类分析的基础上，选择典型的不同坝型高坝，包括宝珠寺混凝土重力坝、沙牌碾压混凝土拱坝、紫坪铺面板堆石坝等工程，从大坝距发震断裂距离、大坝地基处理及大坝结构类型的抗震性等因素对大坝结构安全的影响展开分析研究。地震活断层（北川—映秀断裂）没有穿越大坝坝基，如 156m 高的紫坪铺面板堆石坝距地震活断层（北川—映秀断裂）仅 5km，大坝在强震后整体稳定，上述高坝均未发生垮坝事件，仅由于地震引发的强烈地面运动，包括崩塌、滑坡的作用，对高坝坝体、发电厂房、引水和泄洪工程和其他附属设施造成了不同程度的损害，按 5 级震损分级基本为未震损、震损轻微级别。结合在建的一批 300m 级高坝，对抗震设防标准、水库诱发地震等问题进行了讨论。

大量震例统计分析表明，6.5 级以上强震往往会在地表产生强烈震动，导致产生滑坡、崩塌等地震地质灾害，并在地表造成数米的错动，横跨于活断层的建筑物和构筑物会产生严重破坏（徐锡伟 等，2018）。汶川"5·12"地震后震损调查表明，运用现代坝工理论设计的大坝均具有较好的抗震能力。但是，石冈大坝和赫布根大坝的破坏说明，在当前科技水平下，人类设计的工程抗断措施还难以承受地震断裂的巨大破坏力。大型水电工程库容大，地震断裂活动引起地表破裂而导致的大坝失事会带来严重的次生灾害。我国国家标准《水力发电工程地质勘察规范》（GB 50287—2016）规定"大坝等挡水建筑物不应建在已知的活动断层上"。在大型水电工程规划、勘察、设计时，对场址区（5km 范围）、近场区（25km 范围）及区域（150km 范围）存在的或可能存在的活动断层都必须进行活动性研究，开展活动断层识别，包括最新活动年龄、活动性质、滑动速率、位移量和现今活动强度的判别。

断裂活动性及地震活动性是区域构造稳定性评价的重要指标，是水电工程开发和建设中的一项重要工作。大坝坝址必须避开活动断层一定距离。区域性断裂分布和活动性研究工作关系到水电工程建设成败，对保证高坝安全具有十分重要的意义。

1.2　澜沧江断裂带的研究现状

澜沧江断裂带延伸总长度约 1400km，可分为北、中、南三段。北段的主断裂断面陡立，呈北西西向展布，长近 600km。中段近南北走向，断面总体西倾，沿梅里雪山、崇山之东坡延伸，长约 400km。南段断面近直立，沿澜沧江波状弯曲南延，长约 400km。

很多学者和研究机构对澜沧江断裂带的大地构造属性进行过研究。20 世纪 90 年代，很多学者都认为该断裂带是冈瓦纳板块与扬子板块的结合带，是古特提斯的主要缝合线。王新忠 等（2008）从带内晚古生代—三叠纪火山沉积建造、古生物区系及俯冲消减花岗岩、阿拉斯加型镁铁—超镁铁质岩的产出讨论了澜沧江断裂带的地质属性，认为澜沧江断裂带不是冈瓦纳板块与扬子板块的结合带，而是他念他翁山山前与昌都—兰坪—思茅（弧后）前陆盆地间的山前逆冲推覆断裂带。

20 世纪 70—90 年代，原地质矿产部完成部分 1∶20 万区域地质调查，较为系统地对澜沧江断裂带进行了研究。20 世纪末至 21 世纪初，中国地质调查局启动了"新一轮国土资源调查"，开展了青藏高原空白区 1∶25 万区域地质调查攻坚战，在 1∶25 万区域地质调查基础上，进一步完成了青藏高原基础地质调查成果集成和综合研究，出版了《青藏高原及邻区地质图》（1∶1500000，附说明书）（中国地质科学院成都地质矿产研究所，2007）等成果，为本研究在大地构造属性、大地构造单元划分及构造变形、构造演化历史等方面奠定了基础。

不少学者对澜沧江断裂带的变形特征及运动规律进行了研究。张波 等（2009）认为澜沧江构造带为双变质岩带，核部为强变形高级变质岩带，两侧为强变形低级变质岩带，部分剖面几何形态似"花状"构造；宏观和微观组构特征均指示构造带北段、中段—南段存在明显的运动学差异。北段为右旋走滑剪切，剪切作用年龄为 17.8～13.4Ma 或更早；中段—南段为左旋走滑剪切，剪切作用年龄大致为 17.9～13.1Ma。

钟康惠 等（2004）研究认为澜沧江断裂在新生代早期（古新世—中始新世末）、中期（晚始新世—渐新世末）、晚期（中新世—第四纪）的走滑运动序列为：中段—南段，右行→左行→右行；北段，左行→左行→右行。澜沧江断裂带早期主要表现为中段—南段的右行逆冲和北段的左行逆冲，与同期发生的昌都—思茅地体颈缩事件相对应，其地球动力学背景与太平洋板块向西推挤作用以及扬子—华南板块与印度板块发生的强烈东西向碰撞挤压有关；中期，整个断裂发生左行逆冲，其地球动力学背景与南海盆地的扩张作用及其扬子—华南板块相对于印度板块北移所致的左行扭动相适应；晚期，整个断裂右行走滑，与太平洋构造域的南海盆地扩张终止、昌都—思茅地体整体向南东逃逸相适应。

近年来，水电、交通等工程建设如火如荼，对断裂活动性也进行了进一步研究。孙尧 等（2014）以近十几年的地震目录为基础，对川滇池区主要断裂带，利用"全球地震危险性评估计划"项目（Global Seismic Hazard Assessment Program，GSHAP）进行地震危险性评估，将评估结果与近十几年来的实际地震活动性进行了对比。结果表明，小江断裂以东的昭通地区以及滇西内弧带中段的哈巴和玉龙雪山东麓断裂带近年来的地震活动性较强，与 GSHAP 的评估相符；龙门山断裂带和怒江断裂以西的盈江地区近年的地震活动性较强，其活动性在 GSHAP 中被低估；而在 GSHAP 中确定的高危地区，如澜沧江断裂、小江断裂、红河断裂、鲜水河断裂周边区域，近十几年内的构造活动低于预期，如红河断裂与澜沧江断裂近年来的地震活动性较弱，而怒江断裂只在南端的保山等地区有较强的地震活动性。

俞维贤 等（2012）根据澜沧江流域主要断裂断层泥中石英砂砾表面扫描电镜（Scanning Electron Microscope，SEM）结构特征的统计分析结果得出，澜沧江断裂带自上新世以来，早-中更新世一直有多期次的强烈活动，晚更新世断裂活动减弱，全新世以来基本不活动，说明该断裂已处于一个活动的衰减期；澜沧江断裂带 6.5 级强震的潜在条件很小，未来的 6.5 级强震的潜在危险主要集中于澜沧—勤遮断裂及孟连断裂，因此澜沧江流域未来的地震灾害主要分布于支流，干流区域的地震灾害相对要小。

王绍晋 等（2017）利用地震波资料，测算了 1990—2003 年沿澜沧江断裂带上中小地震震源处的相对剪应力强度值，分析了该断裂带环境剪应力场的空间分布及其与地震活动的关系。结果表明，澜沧江断裂带总体上处于环境剪应力场的相对低值分布区，但在断裂带局部段落及其附近出现一定时段的高剪应力值分布，这主要是由于受断裂带附近区域高剪应力状态的影响。沿澜沧江断裂带地震活动性较弱，这与沿断裂带环境剪应力场的低值状态基本一致。

在川藏铁道工程勘察中，李渝生 等（2016）采用 ANSYS 有限元数值模拟方法，分析断裂带地壳应力形变场特征，探讨由此产生的工程效应问题。

　　澜沧江上游河段于 21 世纪初着手水电规划并完成了规划报告，对断层活动性、区域地震活动性进行了分析研究，积累了一定的资料。

　　由于专业领域和研究目的不同，加之复杂的地质条件、艰苦的工作环境等影响，尚存在诸多问题。新构造、活动构造与区域构造背景密切相关，但研究区大地构造属性、大地构造单元、地震构造环境研究欠深入，影响了地震活动性及断层活动性的深入分析研究。

　　如前所述，澜沧江断裂带虽然经过众多研究，但其结构和组成如何？有几条分支断裂？属于什么大地构造属性？活动性如何？如何分段的？对地震有何控制作用？上述问题有的认识欠深入，有的众说纷纭，争议很大；澜沧江上游梯级水电站近场区、场址区构造与活动性虽然做过大量的勘察、研究，但常处于各管一段的状态，地层、岩石、构造均不能衔接，同一条断层在不同地段赋予不同名称，条件相同的邻近梯级的认识和结论相差较大。

　　上述问题对水电开发建设具有明显的影响，是本书的主要论述内容。

1.3　主要内容和研究方法

1.3.1　区域地质与地震

　　澜沧江上游河段所在区域地处青藏高原东部，位于南北大陆之阿尔卑斯—喜马拉雅巨型造山系的东段，大地构造背景复杂，是著名的特提斯构造域的重要组成部分。该区域以雄踞"世界屋脊"的地势以及为地球物理数据所揭示的巨大地壳厚度，反映了大地构造的独特性，为中外地学界所瞩目。长期以来，不同学者、不同研究机构，从不同角度对区域所处的大地构造单元进行了划分，由于其依据及参考数据不同，其名称也就不一样。本书所述研究成果是在前人研究基础上，依据青藏高原最新地质调查成果，按照板块构造观点，对大地构造单元进行划分，进一步完善了各构造单元几何学特征、物质组成、变形特征等。

　　澜沧江断裂带所在区域地震活动强烈，其断裂活动性与澜沧江上游河段水电工程关系密切。本研究收集该地区较完整的地震目录，特别是破坏性地震目录，分析区域古地震、历史地震活动的空间分布规律和时间演化规律，分析地震活动影响烈度分布规律。收集近场区地震目录，分析近场区地震时空活动特征、历史地震等震线资料、影响烈度、区域地震环境等；在地震活动研究基础上，结合断层活动性研究成果，探讨活动断层与地震活动的关系，评价主要断裂带，特别是澜沧江断裂带的发震能力；探讨了地震活动与澜沧江断裂的关系。

1.3.2　澜沧江断裂带活动性

　　长期以来，学者们对澜沧江断裂带的内部组成及结构认识不一致，有些甚至把昌都一带中、新生代盆地中沿澜沧江分布的断裂称为澜沧江断裂，而实际上偏离澜沧江断裂很远。本研究针对结构复杂的澜沧江断裂带，结合青藏高原地质调查最新成果及调研资料，首次厘定了澜沧江断裂带的几何分布、断裂分段活动性、潜在发震强度等。

1.3.3　澜沧江上游河段断裂及活动性

本研究的重点是澜沧江上游部分河段地质构造特征，以及不同级别断裂发育特征、展布、性状、规模及力学性质，尤其是澜沧江断裂带的组成。从基础地质角度出发，统一断层名称，在已有认识的基础上，通过地形地貌、构造岩、地球物理、地球化学、遥感信息、地震、年龄测试等，进一步分析和复核了不同河段重要断裂的活动性。

1.3.4　澜沧江断裂带对水电工程的影响及对策

在区域地震地质背景调查、澜沧江断裂带地质地貌调查、澜沧江断裂展布及活动性分析、不同河段断裂分布及活动性分析、地震地质灾害分析、区域构造稳定性分析等综合研究基础上，分析了澜沧江断裂带及邻区的断裂对澜沧江上游水电工程产生的影响，并提出了对策建议。

1.3.5　断裂带活动性研究方法

断裂带活动性研究主要包括以下方法。

1.3.5.1　基础资料的收集与分析

基础资料主要包括地质、地貌、地震、地球物理、地球化学、遥感等资料。通过全面收集已有的各种相关资料，分析、利用其成果，对断层活动性作出初步判断。

1.3.5.2　航片、卫片资料的处理与解译

在充分收集已有资料的基础上，利用地理信息系统技术（GIS）、遥感技术（RS）对研究区内的构造信息进行提取，完成遥感解译构造信息图件，以多光谱遥感影像等为主要遥感信息源，以现代地质理论为指导，以遥感物理模型为支撑，运用图像纠正、彩色合成与彩色空间变换、图像增强处理、数据融合、影像镶嵌、遥感构造解译标志建立、地质信息综合分析等方法，进行工作区遥感构造解译；通过野外踏勘、解译标志完善和地质综合分析，编制遥感解译构造图，进行遥感构造及构造特征的推断、分析。通过遥感地质方法的改进和完善以及新技术、新方法的应用，完成进一步的遥感构造研究，在多元地学综合分析的基础上，编制遥感解译构造图件，为野外地质调查提供参考。

根据遥感地质调查内容和调查精度的要求，重点地段采用地球观测卫星（Satellite pour Pobservation de la Terre，SPOT）（分辨率达2.5m）遥感影像为数据源，重点获取线性构造与微地貌（冲洪积扇、河流阶地、冰碛笼、崩滑塌体、水系等）的关系及断层两盘定量地貌分析。

1.3.5.3　详细的野外地质调查

在室内基础资料收集与分析的基础上，详细的野外观察、测绘与资料的收集和分析是必不可少的工作环节，主要包括了天然地质剖面的观察与测绘，地貌学与第四纪地质学研究，探槽开挖与测绘，年代学样品的采集与测试等。

1.3.5.4　构造地貌调查与测绘

构造地貌，特别是活动构造地貌是断层活动的直接地貌证据，如断层陡坎、断塞塘、水系或冲沟位错及山脊位错等断错地貌。通过测量地貌体的位错量及位错时间，获得断层

滑动速率等重要的断层运动参数。

1.3.5.5　山地工程探测与测绘

通过平洞、探槽及钻孔等山地工程探测活动断层,记录揭露其构造特征、变形特征、断层岩特征及活动性特征。通过探槽开挖、测绘以期判定断层最晚一次活动时间;判定史前强震在第四纪地层中的地质记录,确定古地震的期次及复发间隔,进而对断层活动性进行判别;尽可能获取古地震震级大小的信息。开挖工作中,尽可能通过多探槽或组合探槽的深入对比研究及年代学样品分析测试,获得更多的、准确的断层活动性、古地震序列信息。

1.3.5.6　年代学样品的采集与测试

年代学样品的采集与测试是活断层研究中的重要组成部分。通过年龄分析测试,了解一个地区不同地貌体的形成时代,继而判定断层位错的开始时间;确定古地震的发生时间、期次及复发间隔等。注意按要求采取不同样品,利用断层泥石英形貌扫描、电子自旋共振(electron spin resonance,ESR)、热释光(thermoluminescence,TL)、光释光(optically stimulated luminescence,OSL)、^{14}C 等方法,获取地貌面废弃时代、断层最新活动时代等。

除澜沧江断裂带外,区内还发育一系列北西、北北西、北东走向的走滑断裂,它们切错区域性深大断裂,某些断裂具有明显的活动性,对澜沧江断裂带的活动性的分段产生了控制作用,对工程具有明显影响,本书对此也进行了深入论述。

第 2 章
区域地震地质环境

2.1 大地构造单元划分与特征

2.1.1 大地构造单元划分

研究区域（也称"研究区""区域"）地处青藏高原东部，位于南北大陆之间的阿尔卑斯—喜马拉雅巨型造山系的东段，大地构造背景复杂，是著名的特提斯构造域的重要组成部分（图 2.1-1）。该区域以雄踞"世界屋脊"的地势，地球物理数据所揭示的巨大地壳厚度，反映了青藏高原大地构造的独特性，为中外地学界所瞩目。

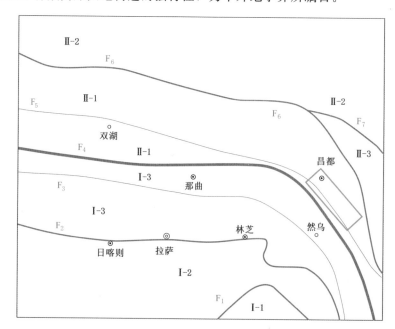

图 2.1-1 青藏高原大地构造单元图

Ⅰ—冈瓦纳大陆（Ⅰ-1—印度板块；Ⅰ-2—喜马拉雅陆块；Ⅰ-3—冈底斯—念青唐古拉陆块）；
Ⅱ—泛华夏大陆（Ⅱ-1—羌塘—昌都—思茅陆块；Ⅱ-2—巴颜喀拉陆块；Ⅱ-3—德格—中甸陆块）；
F₁—西瓦里克 A 型俯冲带；F₂—雅鲁藏布江结合带；F₃—狮泉河—嘉黎结合带；F₄—班公湖—怒江结合带；F₅—双湖—澜沧江结合带；F₆—洋湖—金沙江结合带；F₇—甘孜—理塘结合带
（绿框内为研究区域）

20 世纪 90 年代末至 21 世纪初，中国地质调查局对青藏高原及周边进行 1∶25 万比尺的区域地质调查，对区域构造有了更深刻的认识。在此基础上，中国地质调查局启动了青藏高原地质调查成果集成与综合研究项目，出版了《青藏高原及邻区地质图及说明书（1∶1500000）》（潘桂棠 等，2004）《青藏高原及邻区大地构造图及说明书（1∶

1500000)》（潘桂棠 等，2013）等，依据最新资料对大地构造进行了更详细和系统的划分。该资料为目前青藏高原大地构造领域的最新研究成果，在国际国内得到了广泛认可与应用。成果最大进展之一是将班公湖—怒江结合带作为冈瓦纳古陆与劳亚古陆的分界线（图 2.1-1，过去认为是雅鲁藏布江结合带），厘定出了（北）澜沧江结合带，为大地构造的厘定提供了坚实基础。依据上述成果并结合野外调查实际资料对研究区（域）大地构造单元进行了划分和综合研究（图 2.1-2）。

依据沉积建造、岩浆活动、变质作用、构造变形等特征，研究区划分为 4 个一级构造单元［即冈底斯—喜马拉雅造山系（Ⅰ）、班公湖—怒江—昌宁结合带（Ⅱ）、羌塘—三江造山系（Ⅲ）、印度陆块（Ⅳ）］11 个二级构造单元及 19 个三级构造单元（图 2.1-2，表 2.1-1）。

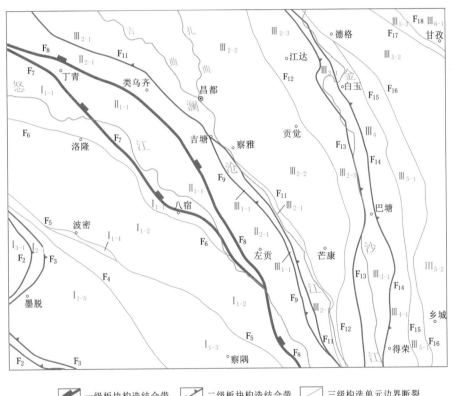

图 2.1-2　研究区大地构造单元图

F₂—雅鲁藏布江结合带西（南）边界断裂；F₃—阿帕龙［雅鲁藏布江结合带东（北）边界］断裂；F₄—工布江达—下察隅断裂；F₅—嘉黎断裂；F₆—洛隆断裂；F₇—怒江结合带西边界断裂；F₈—怒江结合带东边界断裂；F₉—澜沧江结合带西边界（察浪卡）断裂；F₁₀—澜沧江结合带东边界（加卡）断裂；F₁₁—澜沧江断裂（竹卡断裂）；F₁₂—灵芝河—加尼顶断裂；F₁₃—金沙江结合带西边界断裂；F₁₄—金沙江结合带东边界断裂；F₁₅—德格—中甸断裂；F₁₆—海子山—格聂断裂；F₁₇—达郎松沟断裂；F₁₈—玉树—甘孜断裂

表 2.1-1   区域构造单元划分简表

一级构造单元	二级构造单元	三级构造单元
印度陆地（Ⅳ）		
冈底斯—喜马拉雅山系（Ⅰ）	喜马拉雅地块（Ⅰ₃）	主边界逆冲断裂F_1
		低喜马拉雅被动陆缘盆地（Ⅰ₃₋₁）
	缅甸弧盆系（Ⅰ₂）	雅江结合带西界断裂F_2
		密支那蛇绿混杂岩带（Ⅰ₂₋₁）
	拉达克—冈底斯—察隅弧盆系（Ⅰ₁）	雅江结合带东界断裂F_3
		拉达克—冈底斯—下察隅岩浆弧带（Ⅰ₁₋₅）
		工布江达—下察隅断裂F_4
		隆格尔—工布江达复合岛弧带（Ⅰ₁₋₄）
		申扎—嘉黎蛇绿混杂岩带（Ⅰ₁₋₃）
		嘉黎断裂F_5
		班戈—腾冲岩浆弧（带）（Ⅰ₁₋₂）
		洛降断裂F_6
		那曲—洛隆弧前盆地（Ⅰ₁₋₁）
班公湖—怒江—昌宁结合带（Ⅱ）	班公湖—怒江结合带（Ⅱ₁）	怒江结合带西界（扎贡—八宿）断裂F_7
		班公湖—怒江蛇绿混杂岩（带）（Ⅱ₁₋₁）
	南羌塘—左贡地块（Ⅱ₂）	怒江结合带东界（卡玛多—碧土）断裂F_8
		左贡地块（带）（Ⅱ₂₋₁）
羌塘—三江造山系（Ⅲ）	乌兰乌拉湖—澜沧江结合带（Ⅲ₁）	北澜沧江西界（察浪卡）断裂F_9
		北澜沧江蛇绿混杂岩带（Ⅲ₁₋₁）
	昌都—兰坪陆块（Ⅲ₂）	北澜沧江东界（加卡）断裂F_{10}
		开心岭—杂多—竹卡陆缘火山（岩浆）弧（Ⅲ₂₋₁）
		竹卡断裂带F_{11}
		昌都—兰坪中生代双向弧后前陆盆地（Ⅲ₂₋₂）
		灵芝河—加尼顶断裂F_{12}
		治多—江达—维西陆缘火山（岩浆）弧（Ⅲ₂₋₃）
	西金乌兰湖—金沙江—哀牢山结合带（Ⅲ₃）	金沙江结合带西界断裂F_{13}
		金沙江混杂岩带（Ⅲ₃₋₁）
	中咱—中甸陆块（Ⅲ₄）	金沙江结合带东界断裂F_{14}
		中甸陆块（Ⅲ₄₋₁）
	甘孜—理塘弧盆系（Ⅲ₅）	德格—中甸断裂带F_{15}
		勉戈—青达柔弧后盆地（Ⅲ₅₋₁）
		海子山—格聂断裂带F_{16}
		义敦—沙鲁里岛弧带（Ⅲ₅₋₂）
		甘孜—理塘结合带西界（达郎松沟）断裂F_{17}
		甘孜—理塘蛇绿混杂岩带（Ⅲ₅₋₃）
	玉龙塔格—马颜喀拉前陆盆地（Ⅲ₆）	甘孜—理塘结合带东界（甘孜—玉树）断裂F_{18}
		雅江残余盆地（Ⅲ₆₋₁）

2.1.2　主要大地构造单元特征

2.1.2.1　冈底斯—喜马拉雅造山系（Ⅰ）

冈底斯—喜马拉雅造山系位于班公湖—怒江结合带以南，是古特提斯大洋向南俯冲，在冈瓦纳大陆北缘的一条由中生代多岛弧盆系转化形成的造山系。班公湖—双湖—怒江—昌宁蛇绿混杂岩带是古大陆的北界，伯舒拉岭—高黎贡山为冈瓦纳中生代前锋弧，前锋弧后（南西）缘依次发育拉达克—冈底斯—察隅弧盆系、印度河—雅鲁藏布江结合带、喜马拉雅地块等晚古生代—中生代的地质构造单元。它包含了晚古生代—中生代冈底斯—喜马拉雅多岛弧盆系的发育、弧后扩张、弧—弧碰撞、弧—陆碰撞的地质演化历史。

2.1.2.2　班公湖—怒江—昌宁结合带（Ⅱ）

班公湖—怒江结合带及南延的昌宁—孟连结合带和北侧的龙木错—双湖结合带，以及其间的增生岛弧变质地块，共同构成了青藏高原特提斯大洋最终消亡形成的巨型对接带，记录了南、北两大陆之间古特提斯大洋发生、发展及形成演化的地质信息。

结合带分布于研究区西部，为班公湖—双湖—怒江—昌宁—孟连对接带的中南段，由班公湖—怒江结合带（Ⅱ$_1$）之班公湖—怒江蛇绿混杂岩（带）（Ⅱ$_{1-1}$）和南羌塘—左贡地块（Ⅱ$_2$）之左贡地块（Ⅱ$_{2-1}$）两个三级构造单元组成。

1. 班公湖—怒江蛇绿混杂岩（带）（Ⅱ$_{1-1}$）

西起班公湖，向东经日土、改则、东巧、索县至丁青，然后折向南，经八宿上林卡，再向南沿怒江进入滇西，沿碧罗雪山—崇山变质地体西界的怒江断裂带南延，与昌宁—孟连结合带相连，进一步南延入缅甸；向西延至巴基斯坦北部，与主喀喇昆仑断裂（MKT）相连。

班公湖—怒江结合带是怒江特提斯洋最终消亡闭合的缝合线，是冈瓦纳大陆与泛华夏大陆的分界线，其物质组成十分复杂，由不同时代（C-K）、不同性质、不同规模的构造岩片拼合而成，主要有瓦达岩片、嘉玉桥岩片、俄学岩片、同卡岩片、卡瓦白庆岩片、瓦合岩片、科白岩片、班章岩片等，各构造岩片之间、构造岩片内基质与岩块之间均以断层接触，褶皱、断裂发育，构造线方向以北西向为主，局部为北北西向。

班公湖—怒江蛇绿混杂岩带（D-K$_1$）夹持于混杂岩带东界（卡玛多—碧土）、西界（扎贡—八宿）断裂（F$_7$、F$_8$）之间。带中的蛇绿岩均呈构造块体（岩块、岩片）混杂于古生代—中生代地层（基质）中或逆冲推覆于白垩纪—新近纪地层之上。蛇绿混杂岩块体总体呈透镜状、扁豆状、薄片状，沿北西、北北西向断续延伸；部分地段保留有较为完整的蛇绿岩层序，自下而上为橄榄岩→堆晶岩→辉绿岩/辉长辉绿岩岩墙群→玄武质熔岩→放射虫硅质岩组合，代表大洋（壳）建造。

蛇绿混杂岩带内部变形强烈，发育叠瓦状逆冲断裂系，断层运动方向以向南、向西逆冲为主导。

2. 左贡地块/类乌齐—东达山岩浆弧带（Ⅱ$_{2-1}$）

夹持于班公湖—怒江蛇绿混杂岩（带）（Ⅱ$_{1-1}$）与北澜沧江蛇绿混杂岩带（Ⅲ$_{1-1}$）之间。由深变质岩系的变质结晶基底——古-中元古代吉塘岩群（Pt$_{1-2}$J），绿片岩相变质岩系的褶皱基底原特提斯沉积的产物——新元古界酉西群（Pt$_3$Y），以及上三叠统东达村组（T_3ddc）、甲丕拉组（T_3j）、波里拉组（T_3b）、阿堵拉组（T_3a）、夺盖拉组（T_3d）弧前盆地复理石建造，上覆中侏罗统东大桥组（J_2d）大陆湖盆、古近系贡觉组（Eg）山间磨拉石建造等组成。

地块岩浆活动强烈，以三叠纪大规模的碰撞环境的岛弧型消减型（I型）花岗岩，碰撞型（S型）花岗岩及碰撞期后花岗岩建造为主。

地块构造变形复杂多样，具多层次、多机制的特点。在变质结晶基底吉塘岩群（$Pt_{1-2}J$）中发育前期深部变形相构造变形序列，形成以 S_n 为变形面的掩卧褶皱、无根褶皱、肠状褶皱、鞘褶皱系列及面状韧性剪切带；变质褶皱基底酉西群（Pt_3Y）之构造变形则以早期中部变形相韧性伸展、走滑剪切变形为特征，发育以 S_0 为变形面的掩卧褶皱、鞘褶皱系列；变形构造均以小型露头尺度为主。而大中型构造形迹主要发育于中生代地层中，以北西向宽缓褶皱及脆性断裂为主（图 2.1-3），总体构造线方向为北西～南东向。

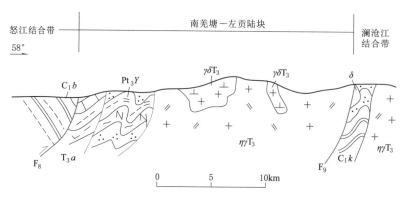

图 2.1-3　左贡地块构造剖面图（据西藏自治区地质调查院，2007 修编）

T_3a—上三叠统阿堵拉组；C_1b—下石炭统邦达岩组；C_1k—下石炭统卡贡岩组；Pt_3Y—新元古界酉西群；

$\eta\gamma T_3$—晚三叠世二长花岗岩；$\gamma\delta T_3$—晚三叠世花岗闪长岩；δ—闪长岩

2.1.2.3　羌塘—三江造山系（Ⅲ）

羌塘—三江造山系（Ⅲ）位于康西瓦—南昆仑—玛多—玛沁—勉县—略阳对接带和班公湖—怒江—昌宁结合带之间，研究区是造山系中南段西缘，分布于区域中部地区。研究区范围内由乌兰乌拉湖—澜沧江结合带（Ⅲ$_1$）之北澜沧江结合带（Ⅲ$_{1-1}$），昌都—兰坪陆块（Ⅲ$_2$）之开心岭—杂多—竹卡陆缘岩浆弧（Ⅲ$_{2-1}$）、昌都—兰坪中生代双向弧后前陆盆地（Ⅲ$_{2-2}$）、治多—江达—维西陆缘岩浆弧（Ⅲ$_{2-3}$），以及西金乌兰湖—金沙江—哀牢山结合带（Ⅲ$_3$）之金沙江混杂岩带（Ⅲ$_{3-1}$）5 个三级构造单元组成。

1. 乌兰乌拉湖—澜沧江结合带（Ⅲ$_1$）之北澜沧江结合带（Ⅲ$_{1-1}$）

澜沧江结合带是羌塘—三江造山带西缘的一条规模巨大的俯冲—碰撞造山带，根据地质构造特征可划为北、中、南三段：北段（北澜沧江结合带）起于西藏乌兰乌拉湖，向东（南）经类乌齐至碧土，长达约 1100km，具有典型的蛇绿混杂岩带组成，紧邻混杂岩带东北侧平行发育大陆边缘火山（岛）弧；中段自碧土向南至云南云县，长达 400km，结合带物质组成（蛇绿混杂岩）不完整和典型，仅零星（维西白济汛—兰坪营盘）不完整出露，紧邻结合带东侧平行发育大陆边缘岩浆弧；南段（南澜沧江结合带）自云县向南至中缅边境，长达 400km，结合带物质组成（蛇绿混杂岩）断续发育（景谷县以西的葳里、半坡，景洪西等地），紧邻结合带东侧平行发育大陆边缘火山—岩浆弧。对澜沧江结合带向南是否具有典型的蛇绿混杂岩（带）存在一定争议，但研究区所在的澜沧江结合带北段是肯定的。

澜沧江结合带北段据其大地构造特征及产状变化，由乌兰乌拉湖结合带及北澜沧江结合带组成，前者为乌兰乌拉湖—类乌齐结合带，长度 750km，走向近东西；类乌齐—碧土为北澜沧江结合带，长度约 350km，走向北西，研究区即位处北澜沧江结合带。

北澜沧江结合带夹持于结合带西界（察浪卡）断裂（F_9）、东界（加卡）断裂（F_{10}）之间。地层区划属乌兰乌拉湖—北澜沧江构造—地层区的北澜沧江构造—地层分区，出露下石炭统卡贡岩组（C_1k），为澜沧江洋盆大陆坡边缘沉积。由沉积建造相对单一的一套浅变质、强变形的基质——细碎屑岩夹基性火山岩建造混杂块体组成，混杂基质具半深海—深海相浊流沉积、复理石建造特征（图 2.1-4）。主要岩性为深灰色绢云板岩、绢云千枚岩、浅绿灰色片理化杂砂岩，夹灰绿—暗绿灰色片理化基性火山岩、片理化凝灰岩和凝灰质硅质岩、糜棱岩化基性火山岩（图 2.1-5）等断夹片（块）（$m\beta$）。基性火山岩的岩石化学、稀土元素特征显示洋脊区和洋岛环境。除此之外，还可见来自结合带西侧左贡地块的上三叠统波里拉组（T_3b）碳酸盐岩的沉积混杂块体（mb）。结合带变形复杂而强烈，表现为小有序而大无序的结构特点。

图 2.1-4　卡贡岩组变砂岩—板岩（复理石）
特征（镜向 S）

图 2.1-5　卡贡岩组绿片岩（变玄武岩）
特征（镜向 W）

但由于作为主结合带的蛇绿岩或蛇绿混杂岩被构造支解，以及被中生代红层掩盖，致使现在所见的结合带组成成分不多，且空间上不连续或不清楚。

结合带构造变形复杂，由于东西向强烈逆冲推覆作用、走滑剪切作用，该带在区域上断续出现，形成构造混杂带，小尺度褶皱和断裂发育，形成一系列同斜倒转褶皱、逆冲推覆断裂（图 2.1-6），S_1 面理强烈置换 S_0，S_2 褶劈理垂直或斜交改造 S_1，在强应变带则形成韧性剪切带。

2. 昌都—兰坪陆块（Ⅲ_2）

陆块位于乌兰乌拉湖—澜沧江结合带（Ⅲ_1）北澜沧江蛇绿混杂岩带（Ⅲ_{1-1}）与西金

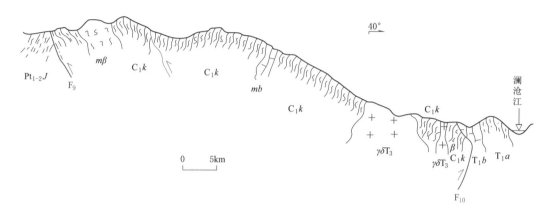

图 2.1-6　北澜沧江蛇绿混杂岩带构造剖面图（昌都学对村）

T_3a—阿堵拉组；T_3b—波里拉组；C_1k—卡贡岩组（混杂基质）；$Pt_{1-2}J$—吉塘岩群；$\gamma\delta T_3$—晚三叠世花岗闪长岩；

$m\beta$—变质玄武岩（混杂块体）；mb—大理岩（混杂沉积块体）

乌兰湖—金沙江—哀牢山结合带（Ⅲ$_3$）之间。据其建造特征，进一步划分出开心岭—杂多—竹卡陆缘岩浆弧（Ⅲ$_{2-1}$，也称俄让—竹卡岩浆弧）、昌都—兰坪中生代双向弧后前陆盆地（Ⅲ$_{2-2}$）和治多—江达—维西陆缘岩浆弧（Ⅲ$_{2-3}$）3 个三级构造单元。

（1）开心岭—杂多—竹卡陆缘火山（岩浆）弧（Ⅲ$_{2-1}$）。

夹持于北澜沧江结合带东界（加卡）断裂（F$_{10}$）和竹卡断裂（F$_{11}$）之间，为北澜沧江洋盆向昌都—思茅陆块俯冲、消减，而在昌都—思茅陆块西缘形成的一个陆缘火山（岩浆）弧。

火山（岩浆）弧的地层区划属开心岭—杂多—竹卡地层分区（Ⅲ$_{2-1}$），由形成于澜沧江洋盆向昌都—思茅陆块俯冲活动大陆边缘岛弧环境背景下的上二叠统沙龙组（P$_3s$）台地相碳酸盐岩夹一套拉斑玄武岩—钙碱性玄武岩、安山岩、英安岩、流纹岩组合的火山岩建造；弧前盆地沉积的中三叠统上兰组（T$_2\hat{s}$）/俄让组（T$_2e$）粉砂质板岩、变质长石石英砂岩，为一套大陆边缘碎屑岩、黏土岩沉积建造；由澜沧江洋盆向昌都—思茅陆块俯冲、消减而演化成的典型钙碱性陆缘火山弧建造序列——中-上三叠统竹卡组（T$_{2-3}\hat{z}$）、上三叠统小定西组（T$_3x$）中基—中—中酸—酸性火山熔岩、火山碎屑岩、碱性火山岩夹正常沉积岩，构成分布范围广，厚度大的陆缘火山弧的主体。

在岛弧演化过程中，同时发育消减型（Ⅰ型）花岗岩，侵入岩浆活动主要为中-晚三叠世，岩石类型为似斑状中细粒黑云二长花岗岩、中粒黑云正长花岗岩，形成于与碰撞作用有关的岛弧环境。晚三叠世早期以闪长岩、花岗闪长岩为主，晚期为二长花岗岩，形成于与碰撞有关的构造背景；侏罗纪—白垩纪花岗岩类侵入体形成于后碰撞造山期构造环境，共同构成该岩浆弧。陆缘岩浆弧内部构造变形表现为复式褶皱，在大型褶皱两翼小尺度褶皱较发育；断裂构造不甚发育，以中小型断层为主，表现为向北东方向的逆冲（图2.1-7）。陆缘岩浆弧东界为向东逆冲的韧性叠加脆性变形的竹卡断裂，构成三级构造单元——开心岭—杂多—竹卡陆缘岩浆弧（Ⅲ$_{2-1}$）和昌都—兰坪中生代双向弧后前陆盆地（Ⅲ$_{2-2}$）的分界。

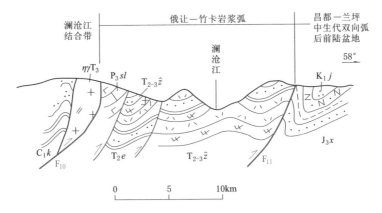

图 2.1-7　俄让—竹卡岩浆弧构造剖面图（据西藏自治区地质调查院，2007 修编）

K$_1$j—下白垩统景新组；J$_3$x—上侏罗统小定西组；T$_{2-3}$ẑ—中—上三叠统竹卡组；

P$_3$sl—上二叠统沙龙组；ηγT$_3$—晚三叠世二长花岗岩

（2）昌都—兰坪中生代双向弧后前陆盆地（Ⅲ$_{2-2}$）。

以竹卡断裂、灵芝河—加尼顶断裂为界，夹持于开心岭—杂多—竹卡陆缘岩浆弧（Ⅲ$_{2-1}$）与治多—江达—维西陆缘岩浆弧（Ⅲ$_{2-3}$）之间。

前陆盆地的地层区划属昌都地层分区，具双（基）底双盖（层）结构：即由古-中元古代宁多岩群（Pt$_{1-2}$Nd）深变质结晶基底和呈断块状零星出露的震旦纪—早古生代碎屑岩、黏土岩夹碳酸盐岩建造构成的加里东褶皱（软）基底组成双（基）底，以及由零星出露的泥盆系—二叠系弧后盆地碳酸盐＋碎屑岩建造和上三叠统—上白垩统陆相盆地建造组成双（盖）层；其中，后者广泛出露，构成前陆盆地主体，为一套晚三叠世滨海相—浅海相—海陆交互相（T$_3$）和侏罗纪—白垩纪河湖相—河流相（J—K）沉积，表现为弧后前陆盆地红色碎屑岩—碳酸盐岩—黑色碎屑岩、黏土岩含煤—红色碎屑岩、黏土岩夹碳酸盐岩—红色碎屑岩建造组合。其上覆盖狭窄带状分布的贡觉组（Eg）拉分盆地红色碎屑岩、黏土岩等山间磨拉石建造和拉屋拉组（Nl）大陆拉张环境下的火山喷发。

前陆盆地火山岩浆活动不甚发育，主要表现为火山活动：下石炭统和上石炭统形成于陆缘拉张构造环境的玄武质—安山质凝灰岩夹少量玄武岩、玄武安山岩、安山熔岩；二叠纪与碰撞相关的玄武岩、玄武安山岩、安山岩、英安岩、流纹岩钙碱性系列；在盆缘分布的与碰撞造山有关的岛弧型火山岩——马拉松多组高钾或高硅英安岩、流纹岩及火山碎屑岩；古近纪—新近纪火山甚为强烈，以粗面岩为主，次为粗安岩、安山岩、玄武岩和少量流纹岩；形成于高原隆升过程中的走滑拉分作用。

昌都—兰坪前陆盆地内褶皱和断裂构造十分发育，以等厚型的弯滑褶皱和脆性—脆韧性断裂为主（图 2.1-8），构造线方向以北西向为主，兼有近南北向和北东向。

（3）治多—江达—维西陆缘火山（岩浆）弧（Ⅲ$_{2-3}$）。

展布于研究区东部，夹持于金沙江混杂岩带（Ⅲ$_{3-1}$）西界断裂（F$_{13}$）和昌都—兰坪前陆盆地（Ⅲ$_{2-2}$）东界的灵芝河—加尼顶断裂（F$_{12}$）之间，是东侧金沙江洋盆向西侧昌都—兰坪地块之下俯冲形成的陆缘火山（岩浆）弧。

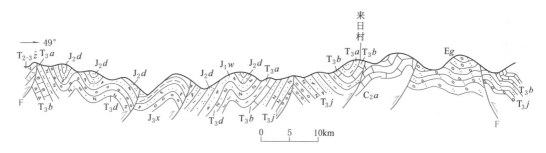

图 2.1 - 8　昌都—兰坪盆地构造剖面图

Eg—古近系贡觉组；J_3x—上侏罗统小定西组；J_2d—中侏罗统东大桥组；J_1w—下侏罗统小定西组；

T_3a—上三叠统阿堵拉组；T_3b—上三叠统波里拉组；T_3j—上三叠统甲丕拉组；

$T_{2-3}\hat{z}$—中-上三叠统竹卡组；C_2a—鹙曲组

陆缘火山（岩浆）弧地层区划属江达—维西地层分区；基底为古-中元古界宁多群（$Pt_{1-2}N$），为一套原岩为碎屑岩夹碳酸盐岩、基性火山岩的绿片岩相变质岩系；上古生界为次稳定型被动大陆边缘盆地—裂陷盆地中的陆棚向碎屑岩—碳酸盐岩夹中基性火山岩建造；早二叠世晚期，由于金沙江洋盆向西俯冲，转化为活动陆缘进入陆缘弧发育阶段，形成自下而上的拉斑玄武岩系列→钙碱性系列→钾玄武岩系列建造，标志着陆缘弧产生—发展—成熟的完整过程（莫宣学 等，1993）；早-中三叠世进入弧—陆碰撞阶段，形成早-中三叠世碰撞型火山岩浆建造——具岛弧性质的玄武安山—安山岩—英安岩—流纹岩系列的火山岩组合；晚三叠世，在火山弧南段受碰撞后伸展作用，形成裂谷盆地，发育具有"双峰式"火山建造和伸展背景下的大量辉长-辉绿岩墙/脉群；侏罗纪之后进入陆内演化阶段，沉积前陆盆地中的河湖相红色磨拉石建造。

陆缘火山弧岩浆活动强烈。自元古代—中生代及新近纪均有岩浆活动，尤以二叠纪—三叠纪大面积、大规模中基性—中酸性岩浆活动为显著特色。岩性复杂，有超基性岩、基性岩、中性岩、中酸性岩、酸性岩，以印支期和燕山早期侵入为主，其次是喜山早期的斑岩体。构成江达—德钦—维西陆缘火山弧带的重要组成部分。

陆缘火山（岩浆）弧构造变形极为强烈，形成近南北向紧闭线状纵弯弯滑-弯流褶皱，逆冲叠瓦状断层等。

3. 西金乌兰湖—金沙江—哀牢山结合带（III$_3$）之金沙江混杂岩带（III$_{3-1}$）

结合带位于昌都—思茅陆块与德格—中甸陆块之间，夹持于金沙江结合带东界断裂和西界断裂之间，为金沙江洋长期演化而成的一条构造混杂岩带。

结合带物质组成较为复杂，总体归为二叠—三叠系下统嘎金雪山岩群（PT_1G），根据其建造特征、基质性质、混杂岩块特点等，划分为岗托岩组（PT_1g）和西渠河岩组（PT_1x）两个小岩片。岗托岩组（PT_1g）为沉积混杂建造，以砂岩、板岩、千枚岩为基质，混杂有超基性岩岩块、基性岩岩块、大理岩岩块、灰岩岩块等，岩块大小不一，其中最大的灰岩构造块体长可达10km以上，最宽大于5km，最小块体仅具手标本尺度，基质变形强烈，小有序而大无序，岩块也强烈变形，与基质之间均为断层接触；西渠河岩组（PT_1x）为蛇绿混杂建造，以蛇绿岩套的上部分的玄武岩、枕状玄武岩为基质，混杂有超基性岩岩块、大理岩岩块、复理石岩块、灰岩岩块等，基质与岩块已发生强烈变质变形，小有序而大无序，基质与岩块均为断层接触。

结合带岩浆侵入活动强烈，主要发育弧—陆碰撞造山阶段的基性—酸性侵入岩系列 [辉长岩→闪长（玢）岩→石英（英云）闪长岩→花岗闪长岩→二长花岗岩→石英二长岩→钾长花岗岩]，代表弧—陆碰撞造山的整个完整旋回。

结合带总体构造变形特征为前三叠纪地层强烈片理化，S_0 普遍被 S_1 置换，褶皱紧闭，多为同斜倒转褶皱，局部地段可见二次叠加褶皱；上三叠统遭受新生代陆内汇聚构造作用，发育一系列断块及推覆体叠置于蛇绿混杂岩之上。总体变形样式为一系列向西逆冲推覆的叠瓦状构造和伴生的一系列褶皱，同时还保留了早期构造形迹，叠加了部分走滑型韧性剪切。

2.1.3　区域地质演化

区域地处特提斯构造域东段，是由几大陆块（冈底斯—念青唐古拉陆块、南羌塘—左贡陆块、昌都—思茅陆块、德格—中甸陆块）及其间的结合带（班公湖—怒江—昌宁结合带、北澜沧江结合带、金沙江—哀牢山结合带）焊接而成，其地质构造的形成和发展，与特提斯的演化有着十分密切的关系，如今的地质构造格局可归结于东特提斯在地质历史中长期演化的结果。

把研究区的客观地质体及地质现象与东特提斯的演化联系起来，以怒江—北澜沧江特提斯洋从萌生、发展、萎缩、消亡到汇聚造山的整个演化过程为主线，来阐述研究区的地质构造演化过程。研究区的地质构造演化大致经历了以下阶段。

2.1.3.1　陆壳基底形成阶段（Pt$_{1-2}$）

区域及外围出露的最老的陆壳基底有德玛拉岩群（Pt$_{1-2}D$）、卡穷岩群（Pt$_{1-2}K$）、吉塘岩群（Pt$_{1-2}J$）、宁多岩群（Pt$_{1-2}Nd$）。其中德玛拉岩群（Pt$_{1-2}D$）、卡穷岩群（Pt$_{1-2}K$）为冈瓦纳大陆群结晶基底，吉塘岩群（Pt$_{1-2}J$）、宁多岩群（Pt$_{1-2}Nd$）为泛华夏大陆群结晶基底。德玛拉岩群（Pt$_{1-2}D$）又为冈底斯—念青唐古拉陆块结晶基底；卡穷岩群（Pt$_{1-2}K$）又为卡穷微陆块结晶基底，是从冈瓦纳大陆群北缘裂离出来的一个微陆块；吉塘岩群（Pt$_{1-2}J$）为南羌塘—左贡陆块结晶基底；宁多岩群（Pt$_{1-2}Nd$）为昌都—思茅陆块结晶基底。

区域陆壳基底均为深变质片麻岩系，岩石化学及地球化学特征反映出它们都是由正变质岩和负变质岩共同组成的变质杂岩，即原岩既有岩浆岩又有沉积岩。它们是如何形成的，尚无过多证据，推测可能与前特提斯洋演化有关。基底岩系年龄约 1500～2300Ma，形成于古-中元古代，后因多期变质作用、构造作用、岩浆作用的改造，成为如今变质深、变形强的结晶基底杂岩系。

2.1.3.2　原特提斯演化阶段（Pt$_3$ - S）

指新元古代—志留纪这一地质历史过程。原特提斯洋萌生于泛大陆（超级大陆）的解体，在元古宙末—早古生代初，第一次全球性泛大陆解体，形成三大陆块群，南部为冈瓦纳大陆群、中部为泛华夏大陆群、北部为劳亚大陆群，冈瓦纳大陆群与泛华夏大陆群之间以特提斯洋相隔，泛华夏大陆群与劳亚大陆群之间以古亚洲洋相隔。区域外围正好位于冈瓦纳大陆群北缘和泛华夏大陆群南缘的接合部位，但研究区范围有限，不能代表整个特提斯的演化特点，因此，在研究区可称"怒江—北澜沧江特提斯"，代表特提斯在研究区的演化特点。

在新元古代—寒武纪时期，泛大陆开始裂解，地壳上拱，岩石圈破裂，沿怒江—北澜沧江一带出现裂陷槽，这便是怒江—北澜沧江特提斯洋雏形的诞生；此时的怒江—北澜沧江特提斯正处于胚胎期，以陆源碎屑沉积为主并伴有强烈的火山活动，其中以区域外围分布的波密群（$Pt_3 \mathcal{C}B$）和酉西群（$Pt_3 Y$）为代表。波密群（$Pt_3 \mathcal{C}B$）为一套有层有序的变质砾岩、变碎屑岩、千枚岩、变火山岩等组合，酉西群（$Pt_3 Y$）主要为一套大有序、小无序的变质砾岩、变碎屑岩、变火山岩组合，代表研究区怒江—北澜沧江特提斯胚胎期的沉积产物。

在奥陶纪—志留纪时期，岩石圈进一步破裂，地幔物质上涌、溢出，开始出现洋壳，泛大陆真正裂解分离出冈瓦纳大陆群和泛华夏大陆群，同时卡穷微陆块也从冈瓦纳大陆群北边缘裂离出来，此时的怒江—北澜沧江特提斯进入幼年期阶段。区域在冈瓦纳大陆群北缘发育怒江—北澜沧江特提斯边缘海碳酸盐台地沉积，如桑曲组（$O_1 s$）、古玉组（$O_2 g$）、拉久弄巴组（$O_3 l$），但缺失志留纪地层，可能是泛非运动的影响造成的局部缺失。在泛华夏大陆群南缘仅发育怒江—北澜沧江特提斯边缘海滨—浅海相沉积，如青泥洞组（$O_1 q$）、曾子顶组（$O_2 z$）、恰拉卡组（$S_1 q$）、察共组（$S_{2-3} \hat{c}$），局部有缺失，可能是加里东运动所致。

2.1.3.3 古特提斯演化阶段（D–T₂）

古特提斯演化阶段指泥盆纪—中三叠世这一地质历史过程，也是研究区怒江—北澜沧江特提斯发展的鼎盛时期，整体表现为特提斯洋盆扩张。

在泥盆纪时期，怒江—北澜沧江特提斯洋盆扩大，洋中脊形成，出现成熟的大洋盆地，此时便步入了怒江特提斯洋的成年期。区域未见这一时期的洋壳残片，仅在冈瓦纳大陆群北缘发育浅海碳酸盐台地沉积［龙果扎普组（$D_1 l$）、布玉组（$D_2 b$）、贡布山组（$D_3 g$）等］；在泛华夏大陆群南缘也是发育浅海碳酸盐台地沉积［海通组（$D_1 h$）、丁宗隆组（$D_2 d$）、卓戈洞组（$D_3 \hat{z}$）等］。在泥盆纪晚期，随着海底扩张，怒江—北澜沧江特提斯洋有消减趋势，沿金沙江一带也开始裂陷，并出现金沙江初始洋盆（洋盆雏型），不过研究区没有发现金沙江晚泥盆世的洋壳遗迹，但在金沙江结合带中段获得与洋脊型玄武岩相伴的硅质岩中的晚泥盆世—早石炭世放射虫 *Entactinia sp.*，*Entactinosphera sp.*，*Entactinia parva* Won，*E. tortispina*，Ormistin et Lane，*Entactinosphera fotemanae* Ormiston et Lane，*En. cometes* Foreman，*En. deqinensis* Feng，*Belowea varibilis* (Ormiston et Lane)，*Astroentactinia multispiosa* (Won)（潘桂棠 等，2004）。

石炭纪—二叠纪时期，随着海底扩张，怒江—北澜沧江特提斯洋盆西侧出现海沟，俯冲消减作用开始进行，洋盆缩小，怒江—北澜沧江特提斯洋进入衰退期，形成俄学海沟和嘉玉桥岩群下部洋内岛弧以及中上部段弧后盆地沉积的沟-弧-盆系统；在其西侧发育边缘海滨-浅海相沉积，如诺错组（$C_1 n$）、来姑组（$C_2 P_1 l$）、雄恩错组（$P_2 x$）、纳错组（$P_3 n$）等，其中来姑组（$C_2 P_1 l$）具有典型的冰筏沉积（含砾板岩）特征，说明在此时冈瓦纳大陆群北缘处于冰川覆盖的寒冷世界。在其东侧发育错绒沟口岩组（$C_1 c$）、邦达岩组

（C_1b）深海相—半深海相沉积。此时，北澜沧江洋盆消减，形成卡贡岩组（C_1k）半深海相—深海相沉积以及东坝组（P_2d）、沙龙组（P_3sl）陆缘火山弧建造，并从泛华夏大陆群中裂离出南羌塘—左贡陆块。随着怒江—北澜沧江特提斯洋盆、金沙江洋盆在早石炭世继续扩张，从泛华夏大陆群南缘裂离出昌都—思茅陆块，区域外围主要表现为金沙江洋的边缘台地—海陆交互相沉积，如乌青纳组（C_1w）、马查拉组（C_1m）含煤碎屑岩、碳酸盐岩沉积，研究区未发现金沙江早石炭世洋壳残片，但在金沙江结合带中段获得过与洋脊型玄武岩相伴的硅质岩中的早石炭世放射虫 *Albaillella paradoxa defladree*，*Astroentactinia multispinisa* Won（潘桂棠 等，2004）。在晚石炭世—早二叠世，金沙江洋盆发展到鼎盛时期，区域主要表现为边缘台地沉积，如鹜曲组（C_2a）、里查组（P_1l）、吉东龙组（P_1j）。结合带中也有大量的洋壳残片，如西渠河岩组（PTx）中大洋拉斑玄武岩及超基性岩块，并在金沙江结合带中段获得过与洋脊型玄武岩相伴的硅质岩中的早二叠世放射虫 *Albaillella sp.*，*p seudoalbailla sp.* 等（潘桂棠 等，2004）。在中二叠世—晚二叠世，金沙江洋盆仍处于鼎盛时期，但在中二叠世晚期—晚二叠世开始俯冲、消减，区域外围主要表现为边缘台地沉积和岛弧沉积，如莽错组（P_2mc）、交嘎组（P_2j），妥坝组（P_3t）、夏雅村组（P_3x）、禹功组（P_2y）、沙木组（$P_3\hat{s}$），其中夏雅村组（P_3x）、沙木组（$P_3\hat{s}$）火山岩就是金沙江洋壳向西俯冲、消减所致，并伴有消减型岩浆侵入活动，同时还形成岗托岩组（PTg）、西渠河岩组（PTx）混杂岩，其间的超基性岩块、基性岩块认为是洋壳残片构造侵位于其中，在金沙江结合带中段吉义独堆晶岩中获 Rb-Sr 法年龄 264.18Ma（莫宣学 等，1993），相当于中二叠世茅口早期，羊拉地区洋内弧角闪安山岩中获角闪石 K-Ar 法年龄（257.1±10）Ma 和（268.7±12）Ma（王立全 等，1999），相当于中二叠世—晚二叠世早期。随着金沙江洋盆的消减，在晚二叠世，沿甘孜—理塘一带开始裂陷，出现甘孜初始洋盆。

在早-中三叠世时期，怒江—北澜沧江特提斯仍处于衰退期，在其东西两侧都出现海沟，继续发生俯冲消减作用，在其西侧冈瓦纳大陆群北缘形成岛弧，如查曲普组火山岩；在其东侧南羌塘—左贡陆块西南缘形成类乌齐—东达山陆缘火山—岩浆弧建造。此时，北澜沧江洋盆继续消减，形成俄让—竹卡火山—岩浆弧，如竹卡群火山岩，俄让组/上兰组沉积等，并伴有岩浆侵入活动。随着怒江—北澜沧江特提斯洋向东的消减以及甘孜洋盆的扩张，必然加剧金沙江洋盆的衰退，导致金沙江洋盆快速向西俯冲，消减，形成大规模的沟-弧-盆沉积以及岩浆侵入活动，如普水桥组（T_1p）、瓦拉寺组（T_2w）陆缘火山弧沉积以及岗托岩组（PTg）、西渠河岩组（PTx）海沟混杂堆积。随着金沙江洋盆的消减，又加剧了甘孜洋盆的扩张，甘孜主体洋盆形成，此时德格陆块又从泛华夏大陆群南缘裂离出来。

在中-晚三叠世时期，怒江—北澜沧江特提斯还是处于衰退期，继续向东西两侧俯冲、消减，向西俯冲、消减作用不甚明显，研究区未见这一时期的火山—岩浆弧建造；向东俯冲、消减形成了丁青蛇绿岩群（TD）混杂岩以及在南羌塘—左贡陆块西南缘形成类乌齐—东达山岩浆弧。北澜沧江洋盆仍处于消减状态，发育竹卡火山弧。随着怒江特提斯洋、澜沧江洋向东消减以及甘孜洋向西消减的制约，金沙江洋盆开始闭合，进入终了期，发育以陆壳为海底的陆间海沉积，如东独组（T_3dd）、公也弄组（T_3g）、洞卡组

（$T_3 dk$）沉积，其中洞卡组（$T_3 dk$）中的火山岩为闭合—碰撞时的产物，为碰撞型火山岩。随着怒江特提斯的消减，又导致雅鲁藏布江洋盆的打开，冈底斯—念青唐古拉陆块又从冈瓦纳大陆群中裂离出来。随着金沙江洋盆的封闭，甘孜洋盆也开始俯冲、消减，形成义敦岛弧及其弧后盆地。

2.1.3.4 新特提斯演化阶段（$T_3 - K$）

新特提斯演化阶段指晚三叠世—白垩纪这一地质历史过程。在晚三叠世时期，怒江—北澜沧江特提斯洋进入衰退晚期，继续向东西两侧俯冲、消减，向西俯冲、消减过程中在冈底斯—念青唐古拉陆块北东缘形成瓦达岩组（$T_3 J_1 w$）海沟混杂堆积、确哈拉群（$T_3 Q$）弧前盆地沉积、谢巴组（$T_3 x$）岛弧火山岩和麦隆岗组（$T_3 m$）、甲拉浦组（$T_3 J_1 j$）弧后盆地沉积等沟-弧-盆系统，同时还形成孟阿雄群（$T_3 M$）碳酸盐滑动岩块堆积；向东俯冲、消减过程中在南羌塘—左贡陆块西南缘形成罗冬岩群（$T_3 J_1 L$）海沟混杂堆积以及类乌齐—东达山岩浆弧。此时，北澜沧江洋盆闭合，开始碰撞造山。金沙江一带也开始碰撞造山。在怒江—北澜沧江特提斯洋壳长期向南羌塘—左贡陆块下俯冲和德格—中甸陆块向昌都—思茅陆块碰撞的双重制约下，使南羌塘—左贡陆块西南缘和昌都—思茅陆块东北缘抬升、翘起，导致昌都—芒康弧后前陆盆地的形成，此时盆地中发育有河湖相、滨海相、浅海相以及海陆交互相沉积，如甲丕拉组（$T_3 j$）碎屑磨拉石沉积，波里拉组（$T_3 b$）浅海相碳酸盐岩沉积，阿堵拉组（$T_3 a$）、夺盖拉组（$T_3 d$）滨海相—海陆交互相沉积。甘孜洋盆在晚三叠世晚期开始闭合，发育陆间海山间盆地磨拉石沉积，如英珠娘阿组（$T_3 y\hat{z}$）粗碎屑岩沉积，并伴有碰撞型火山活动和岩浆侵入作用。在早-中侏罗世时期之早侏罗世，怒江特提斯处于衰退末期，仍有消减现象，向西消减形成瓦达岩组（$T_3 J_1 w$）海沟混杂堆积及侏罗纪钙碱性岩浆岩侵入；向东消减形成罗冬岩群（$T_3 J_1 L$）海沟混杂及侏罗纪钙碱性侵入岩。在中侏罗世，怒江特提斯进入终了期，冈底斯—念青唐古拉陆块与南羌塘—左贡陆块合拢，发育以陆壳为基底的陆间海沉积，如马里组（$J_2 m$）、桑卡拉佣组（$J_2 s$）等，并在区域上类似于马里组（$J_2 m$）的砾岩中发现有超基性岩、硅质岩砾石。昌都—芒康盆地继续堆积，如汪布组（$J_1 w$）、东大桥组（$J_2 d$）沉积；金沙江一带继续碰撞造山；甘孜一带进入碰撞造山阶段。

在晚侏罗世时期，怒江一带进入碰撞造山阶段，局部有怒江特提斯的残留海域，如拉贡塘组（$J_3 l$）沉积，并伴有岩浆侵入和火山活动；昌都—芒康盆地继续发展、演化，发育小索卡组（$J_3 x$）碎屑岩—黏土岩沉积；金沙江一带、甘孜一带继续碰撞造山。在早白垩世时期，怒江一带继续碰撞造山，怒江特提斯接近尾声，仅有局部的多尼组（$K_1 d$）海陆交互相含煤碎屑岩沉积，并伴有火山活动，如朱村组（$K_1 \hat{z}$）火山岩；昌都—芒康盆地逐渐萎缩，发育景星组（$K_1 j$）红色碎屑岩沉积；金沙江一带碰撞加剧，形成同碰撞仰冲带。甘孜一带继续碰撞造山。在晚白垩世时期，怒江特提斯结束了它的生命历程，怒江一带碰撞加剧，形成同碰撞仰冲带；昌都—芒康盆地接近萎缩，仅有局部的南新组（$K_2 n$）、虎头寺组（$K_2 h$）陆相红色碎屑岩沉积；金沙江一带逆冲推覆作用强烈，形成金沙江逆冲带。甘孜一带碰撞加剧，形成同碰撞仰冲带。

2.1.3.5 陆内汇聚—高原隆升阶段（$E - Q$）

陆内汇聚—高原隆升阶段指古近纪—第四纪这一地质历史过程。新生代是研究区隆升形成高原的主要时期，最后的造山作用形成大规模的冲断推覆，大规模的走滑拉分以及冲断作用和拉伸作用所形成的地表及岩石圈的分层折离和滑脱。这一方面使研究区形成一系列的走滑拉分盆地，如宗白盆地、囊谦盆地、贡觉盆地等；另一方面又使研究区早期形成的山系叠加、改造，使研究区地壳强烈增厚，表现为系列逆冲带、剥离带、断褶带等，如波密—察隅褶冲带、怒江逆冲带、他念他翁剥离带、昌都褶皱带、金沙江褶冲带等。

2.2　区域地球物理场与地壳结构

2.2.1　布格重力异常特征

布格重力异常是地壳、岩石圈内不同密度接口起伏变化及地质构造的综合反映，可被分成区域重力异常和局部重力异常。一般来说，区域性的长波长布格重力异常特征主要反映了地壳厚度变化和地幔密度不均匀性，常用其反演地壳厚度，而局部的短波长重力异常则主要反映了地壳内部密度接口起伏和密度的横向不均匀性变化。

青藏高原在 $1° \times 1°$ 布格重力异常图上表现为一个外形呈纺锤状的封闭负异常区，高原周边为明显的重力梯度带，高原内部为相对平缓的高负异常区，极大部分地区的异常值在 -500 mGal 以下。异常呈条带状东西延伸，纵贯全区，并呈规律性的高低相间排列，形成南北分带、东西分块的格局。

研究区布格重力异常值总的变化趋势是东高西低、南高北低；异常最高值位于区域东南部，为 -300 mGal 以下，而西北角重力异常值较低，最低值小于 -510 mGal，其相对变化量达 210 mGal 以上，地震发生于异常等值线密集、拐弯和交汇处。研究区位于异常等值线拐弯但相对稀疏的地区。

2.2.2　航磁异常特征

区域磁异常平面等值线的空间分布特征是在腹地存在一个零线包围的南北向短、东西向长的块体。在该块体周围，沱沱河以北是一条近东西向的负异常梯度带；雅鲁藏布江以南为一正负相间的异常带，等值线走向北西西，开口向南；在东经 $88° \sim 89°$ 存在一个磁场突变台阶，西以正异常梯度带为标志，东则以负异常条带为特征；昌都地区南北两侧磁场有增强的趋势。这表明青藏高原的岩石圈结构、构造为一个独立完整的构造区。区域磁异常反演研究表明，青藏高原中、上地壳磁异常场源较为稳定，磁化强度垂向分布较为均匀。这意味着区域磁场的差异反映的是大型构造单元的磁性特征，引起区域磁场差异的场源在中地壳以下。

研究区的背景磁场强度表现为南高北低的特征，在研究区中北段存在一个近东西向的椭圆形低值异常区，中心部分小于 -40 nT。

2.2.3　地壳结构特征

人工源地震测深证实，青藏高原的地壳结构与地震波速度分布非常复杂，有巨厚、多层和高低速相间的层块地壳结构。青藏高原也是地球上地壳厚度最大的地区，是正常地壳厚度的 2 倍。高原内部地壳厚度大，多为 50～70km，变化平缓，在高原周边地壳厚度变小，且急剧变化，往往是莫霍面陡变带或突变带。

据中美合作的喜马拉雅和青藏高原深地震反射剖面科学工程计划（International Deep Profiling of the Himalayas and Tibetan Plateau，INDEPTH）开展的以深反射地震为主的探测表明（赵文津 等，2004），喜马拉雅地块上地幔顶部的莫霍面深度较大，向北缓慢抬升。沿亚东向北到安多的剖面，印度大陆莫霍面从恒河平原下的 38km（或 33km）深，到喜马拉雅山下较快地加深到 75km，再往北为 80km 深，层速度较高，变化不大；未证实在雅鲁藏布江两侧的莫霍层有 10～20km 的大错动存在，更未发现其他多条断距达 20km 的大错断。多种方法的结果可相互印证这一结论。莫霍面在纳木错以北才开始变浅，在地表班公错—怒江缝合带的南北 300km 范围内莫霍面深度在 65km 上下。同时，在尼木—羊八井—当雄之间发现有 4 个地震反射亮点，多种方法均证实这些地震反射点为低速体，可能为含水的部分熔融层，属于花岗质岩浆房，深 15～20km，厚约 20km，与观测到的地温梯度推测的结果一致，与按俯冲模式所作的理论计算得到的温度分布结果也是一致的。藏南上地壳和下地壳性质很不同，多种方法的结果都显示了这一特征。地壳加厚了 1 倍，地震波反射图案显示构造现象丰富，脆性强；下地壳厚度加大近 1 倍，但地震波反射图案简单，反射同相轴较少，多近乎平行分布，内部未见什么构造现象，显示以黏塑性为主。在电性结构上，上地壳内高电阻和高导电性分布图案很复杂；下地壳电性呈现普遍的高导电性，变化较和缓，与过去大地电磁观测结果很不同，未见普遍的高阻层。

在国家自然科学基金重点项目"青藏高原东缘上地幔结构和介质各向异性的地震学"研究中，其天然地震观测剖面在青藏高原东南部穿越研究区的怒江断裂带、澜沧江断裂带、嘉黎断裂带等多条深大断裂带。用宽频带远震体波波形接收函数初步反演的部分台站莫霍接口深度结果表明，青藏高原东南部地区不同构造部位的地壳厚度存在明显的起伏变化。在拉萨地块内部，从东到西，莫霍接口深度由更张的 60.7km 左右，逐渐增大到八宿的 72.6km 左右，莫霍接口向东逐渐加深，莫霍接口高差 11.9km 左右，即莫霍接口存在明显东倾的趋势。羌塘地块内的莫霍接口较为平坦，莫霍接口深度一般为 69.3～70.6km，莫霍接口深度由邦达的 70.6km 左右，逐渐减薄到芒康的 69.3km 左右，莫霍界面深度比较稳定，相差仅 1.3km 左右，莫霍界面表现为轻微的西倾。

接收函数的反演结果也可表明，班公错—怒江缝合带附近，莫霍接口并不存在明显的错断，缝合带两侧的八宿和邦达台站的莫霍接口深度仅相差 1.7km，这与前人得到的班公错—怒江缝合带附近莫霍界面出现错断存在一定的差异（吴庆举 等，1998），而与前人得到的班公错—怒江缝合带附近莫霍接口出现一个凹槽相符（赵文津 等，2001）；该缝合带两侧的地壳结构明显不同，表明班公错—怒江缝合带尽管在青藏高原东南部地区没有明显错断莫霍接口，但控制了两侧地块的地壳结构。羌塘地块内的澜沧江断裂带两侧的登巴和芒康台站，地壳厚度仅相差不到 0.5km，与前人地震测深资料得到断裂错断莫霍面达 2km 的结论存在一定的差异。金沙江缝合带附近，莫霍界面存在明显的错断，缝合带以西的羌塘地块莫霍界面深度均在 68km 以上，而其东侧巴颜喀拉地块内的莫霍界面深度在 58km 左右，两者相差 10km，显示在金沙江缝合带在北纬 30°附近莫霍界面可能被明显错断。甘孜—理塘断裂带两侧的禾尼和雅江台站，地壳厚度仅相差 1.0km 左右，说明该断裂带为壳内断裂。

区域内的青藏高原地壳厚度为 44～74km，壳内具有两层低速层的结构。

2.3　区域新构造

2.3.1　第四系与地貌

2.3.1.1　第四系

研究区地处藏东南横断山北段之山原峡谷地带，属"三江"高山深割切地区，第四纪堆积物成因复杂，常见的堆积物有：残积物（*el*）、崩积物（*col*）、滑坡堆积物（地滑堆积 *ls*）、泥石流（*df*）；冲积物（*al*）、洪积物（*pl*）、坡积物（*dl*）；湖积物（*l*）。很多第四纪堆积物并非单一成因，往往多种成因堆积物复合在一起，如残积—坡积物（*edl*）、崩积—坡积物（*cdl*）、冲积—洪积物（*pal*）。研究区第四纪冰川发育，与之有关的沉积物有冰碛物（*gl*）、冰水堆积物（*tgl*）、冰湖堆积物（*lpt*）。

按其形成时代，第四系可划分出下更新统（Q_1）、中更新统（Q_2）、上更新统（Q_3）及全新统（Q_4），由于第四纪沉积定年难度很大，对于区域研究，一般分为全新统（Qh）及更新统（Qp）。

第四系的类型、成因及分布受内、外地质作用控制，但外动力地质作用起着关键控制作用，如河流地质作用控制冲积物分布及地貌，重力地质作用控制崩（崩积物）滑（滑坡）流（泥石流）分布及地貌。但是，它们更受地质构造尤其是（活动）断裂构造控制，如研究区内郭庆盆地第四系顺郭庆—谢坝断裂分布，色木雄—崩龙一带第四系分布明显受色木雄断裂控制，怒江结合带东界玉曲河断裂控制玉曲河盆地及第四系分布等。

1. 更新世、全新世冲积堆积物（*al*）

这些冲积堆积物主要出露于怒江、玉曲河、澜沧江、金沙江及其支流河谷及岸坡。全新世冲积堆积物主要分布于河床、心滩、漫滩及 T_1 阶地；更新世冲积堆积主要形成 T_2 阶地及更高的河流阶地。$T_1 \sim T_3$ 阶地多为居民居住地及耕地。区内更新世、全新世冲积堆积物厚数米至数百米。

2. 更新世、全新世湖积堆积物（*l*）

这些湖积堆积物主要分布于芒康县洛尼乡、莽错湖、贡觉县罗麦等地。湖积堆积物岩性主要为砂、粉砂、泥土、黏土层等，厚度大于 51m 至大于 100m。

3. 更新世、全新世冰川、冰水、冰湖堆积物（*gl*、*tgl*、*lpt*）

这些堆积物主要分布在八宿县玉措察扔、那郎达牛场、龙仁、曲亚纳塔—扎仁布达牛场，左贡县根多云，波密县郭奶、测辖，察隅县冲恒、德木拉，八宿县来姑，察雅县堆日牛场，左贡县贡错、采拉，芒康县俄拖丁、得工等地冰川谷、山麓及山间小盆地中，由褐黄、褐红色冰川泥砾、漂砾、冰水泥砾、砾石及砂土混杂堆积组成。其碎屑成分随各地基岩性质不同而异，一般厚度大于 3m 至大于 120m。在伯舒拉岭及其以南等地古冰川遗迹十分发育。

更新世卡因弄巴冰碛（Qp^{3gl}），主要见于八宿县雅隆冰川及来姑一带，广泛分布于海拔 4000～4800m 的全新世冰碛外侧；阿扎、卡因弄巴一带则分布于海拔 2400～3200m 全新世冰碛外侧；以其特殊的位置可与波密倾多珠西晚更新世冰碛对比。冰碛形态保存较好，多为侧碛。冰碛物成分因地而异，呈疏松状。砾石、砂夹泥土混杂，无分选，砾石大者直径在 10m 以上，小至 2～5cm，砾石磨圆度呈棱角状、次棱角状。冰碛表面具土壤化。

得工冰川沉积物高出玉曲河水面约 900m，其中可见两道终碛台地及鼓丘地形，终碛堤之上有呈水平状分布的角砾岩，砾石成分以灰岩、板岩为主，砾径一般 5cm，棱角明显，钙质胶结已固结成岩，其上为泥砂质堆积，据此，时代可能属更新世。

在横断山脉北段雪山峡谷高山区，怒江西岸约 1.4km 处的左贡县左巴村一带，第四纪冰川沉积物分布于海拔 2500m 左右，冰川沉积物高出怒江水面约 200m，可见厚度大于 30m。其冰川沉积物特征较为明显，分布在左巴曲较高的位置，并经后期的破坏以高冰碛平台出现。左巴第四纪冰川沉积物均为砂、砾、泥砾层，层厚大于 30m。冰川漂砾主要为花岗岩类，砾径一般为 0.3～1m，大者达 2m 以上。冰川沉积物中可见较多的马鞍石、熨斗石、压坑石、压裂砾石、冰川条痕石等典型冰碛砾石。根据当地地形、地貌、沉积物等特征，确定该沉积物质为第四纪更新世早期由冰川运动堆积而成。左巴第四纪冰川沉积物的发现，对研究第四纪时期的古气候变化、古地理环境演化有着十分重要的意义。

全新世冰川分布于现代冰川末端、冰川谷中和高山地带，主要有冰川泥砾、冰水沉积及冰缘堆积等。有的由于冰川运动冰体滑入冰湖中形成冰山，如然乌镇来姑冰湖中的冰山。冰川堆积物由砾石、砂土、泥砾混杂堆积组成，其碎屑成分随各地基岩岩石性质不同而异，一般厚度为 3m 至大于 60m。在大的冰川漂砾上见有不同方向的几组条痕纵横交错、重叠出现的冰川擦痕。

4. 更新世、全新世洪积堆积物（pl）

这些洪积堆积物主要分布于怒江、澜沧江、金沙江等地江河及其支流沟口和山口地带，以洪积裙为其独特的地貌形态，叠置在晚更新世冲积物之上。常呈扇形地貌，地形上均叠置在河床 T_2 阶地上或形成 2～3 级洪积台地。岩性为砂、砾石、泥土层。砾石成分复杂，随基岩的不同而有差异。砾石大小不一，砾径多为 20～50cm，大者达 200～500cm，砾石磨圆度均呈棱角状、次棱角状、次圆状，分选性差，胶结紧密—疏松状，堆积厚度大于 50m 至大于 150m。多数地方洪积物表面已土壤化。

5. 全新世坡积（Qh^{dl}）、残积（Qh^{el}）堆积物

这些堆积物广泛分布于高山缓坡、山麓、河谷两侧地带及基岩岩石遭受风化作用在原地残留堆积地区，尤以海拔 3500m 以上地带发育。堆积物物质组成复杂，均为砾石、砂土、残积土等堆积，其成分随各地基岩岩石性质不同而异，厚度各地不一。

2.3.1.2 区域地貌

1. 区域地貌位置

澜沧江上游地处青藏高原东南缘著名的横断山脉北段之山原峡谷地带，地势北高南低，地貌复杂，在区域内为一系列东西走向逐渐转为南北走向的高山深谷。在宽约 120km 之内由西往东发育怒江、澜沧江、金沙江三条深切河谷，与之相间并列有他念他翁山、芒康山。他念他翁山是唐古拉山的东延部分，是横断山中最长的一支，构成怒江和澜沧江的分水岭。芒康山是唐古拉山东延的另一分支，构成澜沧江和金沙江的分水岭。

区域平均海拔在 4500m 以上，峰顶面多在 5000m 以上。最高峰白日嘎海拔 6882m，

最低海拔在澜沧江河谷的盐井附近，仅为 2300m，最大高差达 4582m，区域北部海拔 5200m 左右，山顶相对平缓；南部海拔一般在 4000m 左右，山势比较陡峻，河谷至山顶高差一般大于 2000m，高山与河谷相间，河流下切作用强烈，为高山深切割区。

研究区总体上表现出北部为山原盆地区，南部为高山区。北部的山原盆地区以面状冻融剥蚀、风蚀、盐沼地貌为主要特征，由一系列起伏低缓的丘陵、山地和星罗棋布的湖泊及宽缓的谷地构成，海拔 4500～5000m 左右。南部的高山深谷区山地主体为横断山西部、念青唐古拉山东部和喜马拉雅山北坡，水系为澜沧江、怒江及其支流。横断山主要由海拔 4000m 以上的高山组成，不乏海拔 5000～6000m 的高山，山体走向以北北西～近南北向为主，次为北北东向。喜马拉雅山平均海拔达 6000m，山势陡峻，群峰林立，河流切割强烈。念青唐古拉山平均海拔 5800～6000m。

根据中国地貌区划图，澜沧江上游地貌区划为藏东川西滇西高原南部的横断山系。

2. 地貌基本形态结构

研究区地貌基本形态结构是具夷平面（或山麓剥夷面）的大起伏—极大起伏高山地貌。区内山顶面大多海拔在 5000m 左右，最高峰是白日嘎（海拔 6882m），岭谷高差大多 1000～2000m。大区域范围内，一级地貌类型为陆地地貌，二级地貌基本类型为藏东川西高原，三级地貌类型为山地（综合划分为山地型藏东川西高原区），属藏东川西高原高山区，局部可达极高山。区域上呈现出"地质构造地貌"山体的特征，山势走向基本与构造线一致，上游（芒康以北）呈北西向展布，至芒康以南转为近南北向。其中一级山脊为受大区域分区构造、藏东川西高原抬升作用的控制，二级山脊受掀斜作用、区域褶皱构造以及区域大节理的控制。

喜马拉雅构造时期以来，澜沧江流域河流下切侵蚀作用总体十分强烈，河流上游河段及外围区域河段形成大起伏—极大起伏的侵蚀高差。

3. 夷平面特征

区域随青藏高原于始新世中晚期以来发生强烈抬升，发育 3 级夷平面，其中Ⅰ级夷平面（山顶面或山原面）海拔 5800～5700m；Ⅱ级夷平面（主夷平面或高原面）海拔 5500～5000m；Ⅲ级夷平面（山脚面）不是很发育，海拔 5000～4500m。澜沧江河谷附近地势相对于北部较低，自分水岭至河床发育海拔 5000～4500m、4500～4000m 两级夷平面，主要盆地地面海拔 4000m 左右。其下河谷发育 3～4 级阶地。从上述夷平面的特征来看，研究区大致经历了 3 次大幅度的间歇性整体隆升，每次快速整体隆升后，在相对宁静期则以遭受剥蚀和切削夷平作用为主，其中以Ⅲ级主夷平面切削夷平作用最为强烈。

4. 河谷地貌特征

研究区内的澜沧江河谷地貌在色曲汇口可分为上、下两段，上段为峡谷为主的宽窄相间河谷段，下段为深切峡谷段。色曲汇口以上河段，从昌都与玉树交界处至色曲汇口，河长 223km，峡谷段河宽一般 70～80m，宽谷 100m 左右，河流一般切入基岩，江面海拔 3050～3500m。河流切割深度在 1000m 以下，河谷谷坡一般为 25°～30°。在石灰岩地区河谷谷坡较陡（30°左右），且相对稳定，但较为险峻。色曲汇口以下深切河段，河长 267km，海拔 3050～2160m。该段河流切割深度为 1000～2000m，其中南部可达 2500m 左右。河流深切基岩，基岩岩性差异，相对坚硬的高倾角岩层在河床中形成纵向和横向岩墙，从而形成急流险滩。峡谷谷坡陡峻，一般在 30°左右，有些河段谷中谷现象明显，河谷上部为较缓的 V 形谷，下部呈陡峻的嶂谷形态。谷坡不稳定，常见崩塌、滑坡和泥石流。河床中多急流、险滩，绝大部分地段河床即为谷底。在支沟汇入处常形成滑坡泥石流扇台地，形成峡谷中局部阶地。如盐井所在地即是最大的台地，最宽约 2km，台地前缘高出河面约 300m。

澜沧江上游河段由于大部分为峡谷地段，河谷阶地不是很发育，宽谷段发育 3 级阶地（如竹卡、曲孜卡村等），部分地段发育 5 级阶地（如古水村等），极少地段发育 8 级阶地（如昌都等）。巴日乡河段澜沧江河谷发育少量河谷阶地，规模都很小，如在局部河谷发育 2 级基座阶地；绒曲河口发育少量 1～3 级阶地。

综合不少研究机构、学者的研究成果，澜沧江上游河谷阶地总体特征为：一级阶地（T_1）拔河 7～10m，以堆积、基座阶地为主，主要形成于全新世；二级阶地（T_2）拔河 15～26m，以堆积、基座阶地为主，主要形成于晚更新世；三级阶地（T_3）拔河 34～59m，以基座阶地为主，主要形成于晚更新世；四级阶地（T_4）拔河 65～77m，以基座阶地为主，主要形成于中更新世；五级阶地（T_5）拔河 90～110m，以基座阶地为主，主要形成于中更新世；六级～八级阶地（T_6～T_8）拔河更高，多为基座、侵蚀阶地，主要形成于早更新世。

2.3.2 现代构造应力场

现代构造应力场是驱动区域断裂构造活动和地震活动的根本原因，不同的现代构造应力场会引起不同类型断层的变形特征，不同的断层变形性质，产生的地震强度也不同，从而对工程场地地震安全性的评定结果产生影响。

根据单个地震震源机制解反推地震发生地区的现代构造应力场，是目前常用的有效方法。就区域而言，地震主压应力方向总体呈近东西（或北东东）方位的优势分布；从大区域角度看，金沙江—红河断裂带以东的鲜水河—滇东地震统计区，区域现代构造应力场主压应力优势方向为南南东～南东，以水平作用为主。金沙江—红河断裂以西，区域现代构造应力场主压应力优势方位为北东～北东东，以水平作用为主。

通过对区域及邻区现有地震震源机制解资料有关参数的统计显示（表 2.3 - 1、图 2.3 - 1），有 71%的节面倾角都大于或等于 60°，有近 32%节面倾角近似直立（≥80°），表明区域地震可能的震源错动面多数是较为陡立的；对 P 轴（压应力轴）、T 轴（拉应力轴）倾角统计表明，主应力中水平力（≤10°）和近水平力（10°～30°）比例达 78%，介于水平力和垂直力之间的作用力（30°～60°）约为 14%，近垂直力（60°～80°）和垂直力（≥80°）仅占 7%。统计结果表明区域主压应力方向是近水平的，地震错动面的倾角较大。

表 2.3 - 1 区域及邻区地震震源机制解节面及 P 轴、T 轴倾角分布统计

倾角数值范围	节面 I		节面 II		P 轴		T 轴	
	次数	百分比/%	次数	百分比/%	次数	百分比/%	次数	百分比/%
(0°，10°)	0	0.0	0	0.0	20	28.6	32	45.7
(10°，30°)	0	0.0	1	1.4	30	42.9	28	40.0

续表

倾角数值范围	节面 I		节面 II		P 轴		T 轴	
	次数	百分比/%	次数	百分比/%	次数	百分比/%	次数	百分比/%
(30°，60°)	19	27.1	20	28.6	11	15.7	9	12.9
(60°，80°)	30	42.9	25	35.7	7	10.0	1	1.4
(80°，90°)	21	30.0	24	34.3	2	2.8	0	0.0

统计数据显示：研究区 P 轴优势分布方位在 140°～190°，呈南南东向；T 轴优势分布方位在 240°～300°，呈近南西西向。优势方向为南南东～南东，以水平作用为主；西部主压应力优势方位也为北东～北东东，以水平作用为主。

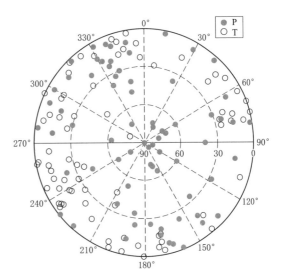

图 2.3-1 区域及邻区地震震源机制解 P 轴、T 轴方位及倾角分布示意图

2.3.3 新构造特征

2.3.3.1 新构造运动演化

区域位处青藏高原东南缘，喜马拉雅东构造结外缘部位，新构造、活动构造强烈。

新构造是新构造期构造运动产生的构造，它是地质时期中最近的、有独立意义的、直接造成现代地貌基本格局的构造运动。青藏高原新构造及活动构造与喜马拉雅造山运动（喜山运动）息息相关，它是后者的直接显现。

青藏高原是地球上海拔最高、面积广大、形成时代最新的年轻高原。自新生代晚期，青藏高原整体快速隆升，新构造运动表现十分强烈，活动构造非常发育，是研究我国及邻近地区活动构造和新构造运动最理想的地区，长期以来为中外地质工作者所关注。

青藏地区新构造运动是喜马拉雅运动的重要组成部分。喜马拉雅运动是指新生代发生的构造运动。依据新生代地层之间的接触关系、岩相建造及其之间的韵律变化特征、岩浆活动及构造变形特征，喜马拉雅运动分为三个构造运动期：第一期发生在始新世中晚期至渐新世初期；第二期发生在中新世晚期；第三期发生在上新世至早更新世。喜马拉雅第三期运动与前两期运动在运动强度、规模及影响等方面与前两期差异较大；前两期主要表现为大规模的褶皱、断裂、岩浆活动以及地壳相对稳定时期的剥蚀和夷平；而第三期则主要表现为水平运动、垂直运动、伸展运动、旋转运动及扩散运动等，造就青藏地区迅速隆升成为年轻的高原。有鉴于此，大多数地质学家将第三期喜马拉雅运动称为新构造运动。新构造运动又由若干次一级的构造运动或构造阶段组成。

（1）喜马拉雅第一期运动发生于始新世中晚期，新特提斯海封闭，印度板块与欧亚板块发生碰撞和推挤，使青藏高原产生强烈褶皱隆起、冲断、变质和岩浆活动，形成雅鲁藏布江蛇绿岩带、构造混杂岩带及幔型韧性剪切带，在后期的构造变动中受到强烈改造。第一期喜马拉雅运动后，地壳趋于稳定，形成了第一级夷平面，即渐新世夷平面。这一夷平面现以山顶面或山原面的形式存在（李吉均，1979；陈富斌，1992；崔之久，1996）。

（2）喜马拉雅第二期运动发生于中新世晚期，青藏高原南缘强烈隆起、冲断，并伴有岩浆活动，高原内部强化了早期褶皱变形，雅鲁藏布江结合带北缘断裂——雅鲁藏布江断裂形成，断裂带总体向南陡倾，改变了第一期的单斜产状而形成了背冲式构造格局。喜马拉雅第二期运动产生了新的构造盆地，青藏地区表现总体缓慢的抬升，奠基了高原的雏形（刘增乾 等，1980）。喜马拉雅第二期运动后，地壳趋于稳定，于上新世晚期形成了第二级夷平面——上新世夷平面。该夷平面又有不同的称谓，如"主夷平面"或"盆地面"。

（3）喜马拉雅第三期构造运动发生于上新世末—早更新世初，使第一期夷平面发生解体及变形，喜马拉雅山崛起，高原急剧抬升（刘晓惠，2017）。研究表明，上新世末期的原始高原面海拔仅 1000m 左右，早更新世发生的构造运动使高原至少已抬升到 2000～3000m。由于强烈的南北向挤压，高原产生北东向、北西向走滑（断裂）系统及南北向裂陷（谷）带。如前所述，喜马拉雅第三期运动不同于前两期运动，因此将其从喜马拉雅运动中分离出来，认为是新构造运动的开始。新构造运动主要由青藏运动、昆（仑）黄（河）运动、共和运动、末次造貌运动等组成。

1）青藏运动。由陈富斌、李吉均等提出，指上新世晚期—早更新世发生的造成青藏高原整体隆升、主夷平面瓦解、大型断陷盆地形成和浅色沉积代替红色沉积的新构造运动。

2）昆黄运动。早更新世末—中更新世初发生的构造运动使青藏高原又一次明显抬升，形成高原周边早更新世的磨拉石沉积和上覆中更新世高阶地砾石层之间存在不整合面，喜马拉雅山南麓的西瓦里克岩系发生褶皱和冲断。在高原内部，早更新统贡巴砾岩发生倾斜并被断错，中更新统平行不整合于其上。这次新构造运动在青藏高原北部称"昆黄运动"（表现为昆仑山强烈隆升、黄河切穿积石峡等）。在云、贵、川地区称"大箐梁子运动"（陈富斌，1989，1992）。受此影响，研究区澜沧江断裂产生活动，主要表现在韧性剪切带基础上的脆性叠加。

3）共和运动。中更新世—晚更新世，青藏高原再次强烈活动，高原继续抬升，并强化了地貌的分割，促进了原有活动构造的发展，而且产生了新的活动构造。区内北东、北西及近南北向断裂活动控制断陷盆地、湖盆、断块山的发育。第二代湖盆（中更新世湖盆）消失并形成第三代湖盆，并且多数能保持到今日。长江、黄河等主要河道最终贯通。晚更新世以来的构造运动导致高原迅速上升到海拔 4000m，使源于高原的河流上游强烈下切，如波曲上游下切 250m。雅鲁藏布江、朋曲等河流纵剖面形成晚更新世裂点，陡峻段比降达 6‰～10‰。晚更新世以来青藏高原的上升和古湖被河流袭夺，以共和盆地最典型，故称这期运动为"共和运动"。研究区澜沧江断裂主松洼以北的昌都段产生左行走滑活动，南段逆冲为主且活动不明显。

4）末次造貌运动。全新世以来，青藏高原新构造运动表现强烈。高原继续大幅度、高速率整体上升，最终形成现今海拔 4500m 以上的高原面和其上海拔 6000～7000m 的山地。末次冰期（0.015MaB.P.）以后珠穆朗玛峰抬升了 1200m，全新世上升率可达 80～

100mm/a。GPS 监测的实测结果表明，印度板块以 15～20mm/a 的速率向北运动。青藏高原全新世以来的构造运动有的研究者称"末次造貌运动"，在川、滇、黔地区叫"维西运动"（陈富斌，1989、1992）。受此影响，研究区澜沧江断裂局部产生全新世活动，如吉塘镇、若巴乡洪积层中的第四纪断层，曲孜卡澜沧江断裂由北西向拐折为北东向的地段产生第四纪断层等。

2.3.3.2　新构造运动类型

研究区域新构造呈现幕次运动外，在空间上颇具特色，具体有以下几点。

1. 大面积整体、间歇性急剧抬升

青藏高原于始新世中晚期以来发生强烈抬升，但其隆升是间歇性的、阶段性的，故在多级层状地貌方面表现明显。众多资料表明，新生代期间青藏高原大致经历了三期强烈的地面抬升及两次较长时间的夷平。三期强烈的地面抬升分别在距今 30Ma 以前、距今 23～15Ma、距今 3.4Ma 以后。两次较长时间的夷平形成早期夷平面——山顶面形成于 24Ma 以前的渐新世晚期，海拔大于 5800m；晚期夷平面形成于上新世，表现为宽缓波状起伏的山原面、宽坦的湖盆和谷地面，海拔 5300～5600m，保存完好；在海拔 4500～5000m 之间还存在一级剥夷面（山足面）（李吉均，1999）。雅鲁藏布江地区早-中更新世发育多级宽谷、冰积台地，晚更新世—全新世发育 5～6 级河谷阶地。

众多资料表明，从 3.4Ma 起，青藏高原开始整体强烈隆升，主夷平面瓦解。这期强烈的地面抬升过程又可以进一步分为三个次级隆升阶段，分别发生于距今 3.4Ma、2.5Ma、1.7Ma。距今 1.7Ma 以来的隆升阶段还可以再进一步分为距今 1.5Ma、1.1Ma、0.6Ma、0.15Ma、0.05Ma、0.01Ma 六个次级的隆升阶段，其中以距今 1.1Ma、0.6Ma、0.15Ma 三个阶段地面抬升更为强烈（图 2.3-2）。

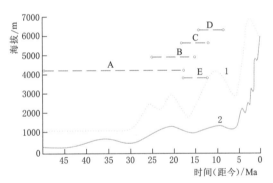

图 2.3-2　青藏高原隆升及变形随时间的变化（据李亚林，2005）

1—裂变径迹隆升频率（Zhong et al.，1996）；2—海拔随时间变化（马宗普 等，1998）；A—挤压变形期；B—走滑断裂高度活动期；C—岩浆作用期；D—正断层与地堑开始出现期；E—夷平面发育期

2. 断裂、断块活动的继承性、新生性和差异性

（1）继承性。表现为新构造时期，断裂和断块活动受先前构造制约，不同程度继承了先存构造格局。青藏高原在喜马拉雅运动的早期分异升降的基础上，在上新世—早更新世初继承性强烈隆升，沿一些先前断裂再次发生逆冲或逆走滑活动，藏中南发育的近东西向断裂大都具有继承性活动特点。

（2）新生性。表现在新构造时期或某一时期改变了断裂、断块运动方式和强度。早更新世晚期或中更新世初以来，由于印度板块的不断向北推挤，位于班公湖—怒江断裂以北地区的北西～北西西向断裂发生了重大改变，以逆冲转为以走滑为主的活动，显示明显的新生性。在藏中、藏北地区的北东向、北西向及近南北向断裂，尤其近南北向断裂多是上新世—第四纪以来形成的，控制一系列新生的断陷盆地和湖盆的形成和发育。第四纪以来断裂性质发生了转变，如北东向念青唐古拉南东麓山前断层，早期具左旋逆冲性质，在第四纪初转变为兼具走滑的正断层性质（吴章明 等，1992）。澜沧江断裂从逆冲变为走滑，而且昌都（谢坝断裂）以北改变为左行走滑为主，以南为逆冲兼右行走滑。

（3）差异性。青藏高原在大幅度抬升过程中，伴随的差异性升降运动十分明显。从地形、地势分布状况可看出，冈底斯山、念青唐古拉山、喜马拉雅山、藏南谷地及藏北高原盆地，它们之间都有明显高差，表明隆升幅度有差异。在断块内部更是明显，受活断层控制，形成断块山、断陷盆地和断裂谷地。如念青唐古拉山南东麓断层，西侧念青唐古拉山Ⅱ级夷平面被抬升到海拔 5500～6000m，与东侧其盆地面高差就达 1200～1700m 以上（韩同林，1987）。另据山地高程和夷平面资料，喜马拉雅山断隆、冈底斯—念青唐古拉山断隆，南、北隆升幅度不一致，向北掀斜。断隆内部，受断裂控制，次级块体发生翘起，表明新构造运动还具有翘起掀斜特点（中国科学院青藏高原综合科学考察队，1983）。

3. 地块运动、逃逸及旋转

近年来的 GPS 观测结果显示，印度大陆向北运动在青藏高原内部引起各个地块向北运动，速率逐渐减小，运动方向也逐渐转向东北方向。其中，南部高喜马拉雅地块水平运动速率最大，一般为 35～42mm/a，方向为北略偏东；拉萨地块向 N30°～47°E 方向运动，平均速率为 27～30mm/a；羌塘地块运动速率为（28±5）mm/a，优势方向为 N60°E。

GPS 观测结果表明高原内向北的挤压力是逐步减小的，力在传递过程中不断被吸收。吸收的原因，一是高原组成的各条形地块的南部边界或是偏向西南，或是偏向西北，印度大陆向北作用力沿各条形地块边界都出现切向分量，使地块间出现相对右行或左行的走滑运动，而垂直于条块边界的挤压力则向北逐渐减小；二是天然地震资料的快波方向表明深部和浅层物质运动具有一定的相关性。

青藏高原各地块在向北运动构成中，川滇断块还具明显的向南东方向的挤出、滑移（逃逸）及旋转变形。

上述区域新构造运动特征与研究区活动构造息息相关。

2.3.4 新构造分区

研究区属青藏高原断块区，根据新构造运动发育历史，运动方式、性质、幅度及其造成的构造变形特征以及地貌形态、地震活动的差异，研究区域内青藏高原断块区可进一步划分为 3 个二级区 5 个三级区（图 2.3-3）。

2.3.4.1 川滇断块隆起区（Ⅱ₂）

该区位于金沙江断裂带以东，甘孜—玉树断裂、鲜水河断裂以南，研究区外安宁河断裂带、小江断裂带以西。主要表现大面积强烈隆升和向东南的滑移。研究区涉及两个三级新构造单元。

（1）雅江断隆（$Ⅱ_2^1$）。位于玉树—甘孜断裂、鲜水河断裂以南，玉农希断裂以西，金沙江断裂带以东，理塘断裂带以北。沙鲁里山北段为断隆主体，第四纪以来一直处于隆升状态，为切割的高山地貌和丘状高原地貌。区内Ⅱ级夷平面发育，海拔 4700～5000m。区内断裂以北北西向为主，次为北东向和近南北向。

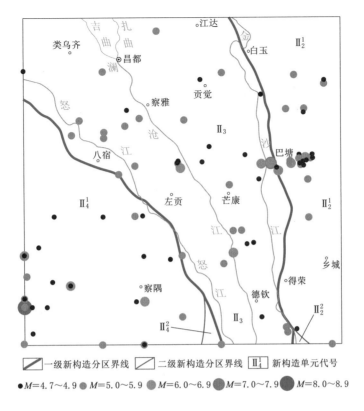

图 2.3-3 区域新构造分区图

（2）稻城断隆（II_2^2）。位于理塘断裂带以西，德钦—中甸—大具断裂以北，金沙江断裂带以东。沙鲁里山南段为断隆主体，晚印支运动以来一直处于隆起状态，尤其新构造时期以来大幅度抬升，表现为切割的高山地貌和丘状高原地貌，II 级夷平面海拔 4500～4700m。

2.3.4.2 羌塘—昌都—滇西断块隆起区（II_3）

该区位于金沙江断裂、红河断裂与怒江断裂之间地区，新构造时期以来处于大面积隆升状态，地势总体西北高、东南低，为研究区内主要新构造单元。

主体为唐古拉山及其东南延伸的他念他翁山和芒康山。受构造制约，唐古拉山为近东西向，主脊海拔 6000m，但比高不大。研究区内的唐古拉山 II 级夷平面海拔 5000～5200m，表现为起伏不大的丘状高原地貌。他念他翁山和芒康山走向北北西向东南转为近南北向。他念他翁山峰顶大部分海拔在 5000m 以上，主要发育海拔 5000～5200m 的 II 级夷平面，大部分呈现丘状高原地貌。芒康山山势略低，海拔一般在 5000m 以下，II 级夷平面海拔 4800～5000m。

2.3.4.3 念青唐古拉—高黎贡山断块隆起区（II_4）

该区位于丁青—怒江断裂带和嘉黎断裂带之间，根据构造、地貌差异，大致以巴塘断裂西部延伸线为界划分为念青唐古拉断隆和高黎贡山断隆。该单元还进一步分出两个三级单元。

（1）念青唐古拉断隆（II_4^1）。以念青唐古拉及其东南延伸的伯舒拉岭为主体，地势总体由西向东，自北而南逐渐降低。研究区内念青唐古拉山为其东段，走向近东西，主脊中心峰顶海拔达 6000m 以上，最高峰顶 6648m。伯舒拉岭走向北西，峰顶海拔多在 5000m 以上，少数达 6000m。区内主要发育 I、II 级夷平面，I 级夷平面海拔约 6000m，II 级夷平面由西北部海拔 5500m 向东南降为约 5000m。区内以近东西向、北西向断裂为主，历史上洛隆西北发生过 1642 年的 7.0 级地震。

（2）高黎贡山断隆（II_4^2）。高黎贡山为断隆主体，并包括缅甸境内恩梅开江谷地及掸高山的北延部分。研究区内高黎贡山为其北段，走向近南北，主脊峰顶海拔由北边 4500m 向南渐降至 4000m。掸高山的北延部分，峰顶海拔多高于 3000m，个别逾 4000m。

2.4 区域主要断裂构造及活动性

研究区包括了川西高原和藏东地区各一部。晚新生代以来，在中部近东西向引张（Armijo et al.，1989）和高原地壳物质重力（周玖 等，1980）的共同作用下，藏东块体沿金沙江断裂明显地由西向东逆冲于川滇块体之上，形成了宽度达 30km 左右的中咱推覆体，主要表现为藏东的古生代岩体逆冲于川西的三叠纪复理石及第三纪红层之上（许志琴 等，1991）。GPS 测量结果表明，受块体运动这一总体态势的控制，该地区的区域构造应力场主要表现为近东西向的水平挤压，因而北西向的断层表现为左旋剪切，北东向的断层表现为右旋剪切，而近南北向的断层主要表现为东西向的挤压缩短，并具一定的水平剪切运动分量。以下简要叙述研究区内的主要活动断裂带特征（表 2.4 - 1、图 2.4 - 1）：

表 2.4 - 1　　　　　　　　　　　区域主要断裂活动特征一览表

编号	断裂名称	产状	长度/km	性质	活动时代	滑动速率/(mm/a)	地震活动
F_4	察隅断裂	NW/SW∠50°～85°	>270		Q_4		
F_5	嘉黎断裂	NW/SW∠50°～70°	>434	右旋走滑	Q_4	3～5	最大地震为 8.0 级
F_6	边坝—洛隆断裂	NW/SW∠50°～70°	>188	左旋走滑	Q_4		1642～1654 年，大于 7 级地震
F_7	怒江结合带西界断裂	NW/NE∠50°～70°	>609	逆冲兼走滑	Q_{1-2}		
F_8	怒江结合带东界断裂	NW/NE∠50°～70°	>614	逆冲兼走滑	Q_{1-2}		
F_{8-1}	玉曲断裂	NNW/SW∠60°～80°	274	左旋走滑兼逆冲	Q_4		中强地震活动较频繁
F_9	澜沧江结合带西边界（察浪卡）断裂	NNW/NE∠60°～70°	262	逆冲兼倾滑	Q_{1-2}		
F_{10}	澜沧江结合带东边界（加卡）断裂	NNW/NE∠60°～70°	192	逆冲兼倾滑	Q_{1-2}		

编号	断裂名称	产状	长度/km	性质	活动时代	滑动速率/(mm/a)	地震活动
F_{11}	澜沧江（竹卡）断裂	北段 NWW/SW∠60°~70°	>281	左行兼逆冲	谢坝断裂（主松洼）以北总体 Q_3，局部 Q_4		中强地震活动较频繁
		南段 NW/SW∠60°~80°	>368	逆冲兼右行	谢坝断裂（主松洼）以南总体 Q_{1-2}，局部 Q_{3-4}		
F_{16}	金沙江断裂带	总体近 NS，倾 W，倾角不定	>452	逆走滑	北段：Q_{1-2} 南段：Q_{3-4}	2~3	多次 6.0~6.9 级地震
F_{17}	达郎松沟断裂	走向 NW，倾向 SW	>141	左旋走滑	Q_4		
F_{18}	甘孜—玉树断裂带	NW/NE 或 SW 倾角陡	>115	左旋走滑	Q_4	7~12	2010 年玉树 7.1 级地震
F_{19}	类乌齐断裂	走向 E 或 W	169	走滑	Q_4		
F_{21}	郭庆—谢坝断裂	走向 NWW，倾向 NNE，倾角 60°~70°	239	左旋走滑	Q_4		
F_{22}	色木雄断裂	走向 NWW，倾向 NNW，倾角 60°~70°	80	左旋走滑	Q_4		2013 年 8 月 12 日 6.1 级地震
F_{23}	小昌都断裂	N60°E/NW∠50°	23	右旋走滑兼逆冲	Q_{1-2}		
F_{24}	巴塘断裂	N30°E/NW 倾角较陡	150	右旋走滑	Q_4	1.3~2.7	1870 年巴塘 7¼ 级地震
F_{25}	理塘断裂	N40~50°W/NE∠60°~80°	>130	左旋走滑	北西段（Q_4）	2.6~3.0	1890 年 7 级左右地震及数次古地震地质记录
					中段（Q_4）	3.2~4.4	1948 年 7¼ 级地震
					南东段（Q_{3-4}）	1.8~2.4	多次古地震地质记录

2.4.1　察隅断裂（F_4）

有学者将察隅断裂划归为嘉黎—察隅断裂带东南段的南支断裂。该断裂主要沿贡日嘎布曲，过察隅河后出境，断裂走向 NW，倾向 NE，全长约 200km。嘎隆寺的冰川谷地内，谷地东、西两侧均可看到嘉黎—察隅断裂带经过处发育的密集竖向破裂面，并控制了两侧垭口地貌的发育。在冰川谷地内部，波密至墨脱公路东侧发育有多期次的冰川冰碛垄，其中最西侧一支冰碛垄沿嘉黎—察隅断裂带被右旋错动，错动量可达 2.5m，被错开的时间约为 650a B. P.。在下察隅—上察隅贡日嘎布曲沿线还可以观测到山脊上的几处垭口，走向 NW 向，山脚处还多处见到古地震崩塌（钟宁 等，2021）。结合察隅断裂的大地构造背景及地质地貌现象，综合判断察隅断裂为全新世活动断裂。

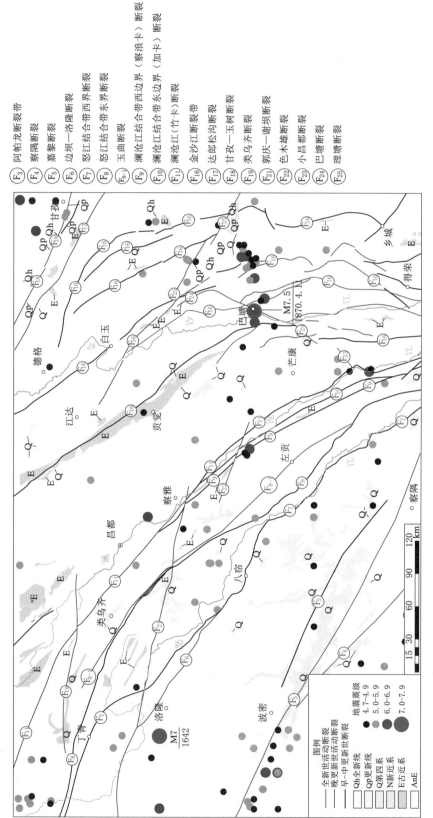

图 2.4-1 区域地震-构造图

图例

—— 全新世活动断裂
—— 晚更新世活动断裂
—— 早-中更新世活动断裂

Qh全新统
Qp更新统
Q第四系
N新近系
E古近系
AnE

地震震级
• 4.7～4.9
• 5.0～5.9
● 6.0～6.9
● 7.0～7.9

$\frac{M7}{1642}$

F$_3$ 阿帕龙断裂带
F$_4$ 察隅断裂
F$_5$ 嘉黎断裂
F$_6$ 边坝—洛隆断裂
F$_7$ 怒江结合带西界断裂
F$_8$ 怒江结合带东界断裂
F$_{8-1}$ 玉曲断裂
F$_9$ 澜沧江结合带西边界（察浪卡）断裂
F$_{10}$ 澜沧江结合带东边界（加卡）断裂
F$_{11}$ 澜沧江（竹卡）断裂带
F$_{17}$ 金沙江断裂
F$_{18}$ 达郎松沟断裂
F$_{19}$ 甘孜—玉树断裂
F$_{21}$ 类乌齐断裂
F$_{22}$ 郭庆—谢断裂
F$_{23}$ 色木雄断裂
F$_{24}$ 小昌都断裂
F$_{25}$ 巴塘断裂
理塘断裂

15 30 60 90 120 km

2.4.2　嘉黎断裂（F_5）

位于区域西南部，是"喀喇昆仑—嘉黎剪切带"最东端的一条断裂，由多条斜列的次级断层组成，总体走向近东西～北西，呈向北东凸出的弧形，研究区内长达 434km，构成青藏高原主体向东挤出的南部边界，具有强烈的右旋走滑活动（Armijo et al.，1989）。断裂带西段（区外）控制了中生代地层的发育与分布。

嘉黎断裂带第四纪活动较强，错断了晚更新世晚期以来的河流、冲沟等各种地质、地貌体。断裂西北段的右旋走滑活动强烈，速率可达 15～20mm/a，东南段走滑活动减弱。全新世期间，断裂活动性呈现整体减弱趋势，区域嘉黎断裂的平均走滑速率为 3～5mm/a。沿断裂现今仍有中强地震发生。

2.4.3　边坝—洛隆断裂（F_6）

断裂展布于研究区西部，西起得嘎乡，经擦瓦、八宿县、俄巴，止于库巴一带，向东与谢坝断裂相接。断裂走向北西，倾向南西，倾角 50°～70°，区内全长约 188km。沿断裂走向，断裂错切水系，对部分新近纪、第四纪盆地具有明显的控制作用。该断裂是怒江断裂的西边界断裂，为全新世断裂。断裂沿线附近历史上曾有地震记录，1642—1654 年间，发生过一次大于 7.0 级的地震，震中烈度大于等于Ⅸ度。

2.4.4　怒江结合带断裂（F_7、F_8）

怒江结合带断裂由结合带东、西边界断裂组成，西起班公错，东经改则、东巧，然后在丁青转向东南，经八宿，继而沿滇西的怒江谷地，一直延伸到国外，是一条岩石圈断裂。断裂在区域范围内基本上沿怒江展布，呈北西～北北西向的弧形展布。研究区域内断裂长达 609～614km。该断裂带是青藏高原东南部地区一条规模巨大的大地构造边界，沿断裂带发育 C—K 蛇绿岩套、混杂岩带和中生代基性、超基性侵入岩。

邦达镇西 318 国道公路壁，结合带东界断裂（邦达断裂）带发育宽达 100～200m 的断层破碎带（图 2.4-2），断层上（西）盘为下石炭统邦达岩组（C_1b）糜棱岩化云母石英片岩、绢云千枚岩、粉砂质板岩夹大理岩混杂岩块，下（东）盘为波里拉组结晶灰岩。断裂走向近南北，倾向西，倾角 50°～60°。变形性质以脆性为主，兼韧性。带内岩石具强

图 2.4-2　怒江结合带东界断裂特征（邦达镇）（镜向 N）

烈挤压变形（图 2.4 - 3），小揉皱发育，出现无根钩状褶皱，充填大量石英脉，断层角砾及石英脉均被拉长、拉断，呈透镜状。带内片理也十分发育，其产状与断面基本一致；在带中劈（片）理面上可见大量擦痕（图 2.4 - 4），指示断层具有右行走滑的运动性质。在断层部分地段还发育宽达十余米的未固结的炭质断层泥（图 2.4 - 2）。

图 2.4 - 3　怒江结合带东边界断裂
特征（邦达镇）（镜向 N）

图 2.4 - 4　怒江结合带东边界断裂中的擦痕
构造（镜向 N）

在左贡玉曲河，断裂带宽达百余米（图 2.4 - 5），断层呈北西～北北西向展布，陡倾南西，倾角 60°～70°，断层上（西）盘为上三叠—下侏罗统瓦浦（蛇绿混杂）岩组，小揉皱发育，出现大量无根钩状褶皱，充填大量石英脉；下（东）盘为新元古界酉西岩群；带中岩石变形强烈，岩层及石英脉均被拉长、拉断，呈透镜状（图 2.4 - 6），发育强劈（片）理化构造角砾岩、碎粒岩和构造片岩等，表现为以脆性为主兼韧性的变形性质。整个断裂带显示强烈的挤压变形特征。在带中还发育一组与断裂相平行的大型节理（或小断层）叠加于挤压变形带之上，在这些大型节理（或小断层）面上发育大型近水平擦痕，指示后期叠加的大型节理（或小断层）具有右行走滑的运动性质（图 2.4 - 7）。

图 2.4 - 5　怒江结合带东界断裂
（碧土段）（镜向 NW）

图 2.4 - 6　碧土断裂带构造破碎带
变形特征（镜向 SW）

区域南部察瓦龙，怒江结合带断裂带的另一条重要断裂——察瓦龙断裂显示明显的活动性特征，断裂总体北北西向展布，北段呈北西向、南段呈近南北的弧形状，控制着石炭—二叠系荣中蛇绿混杂岩组（CPr）和三叠系察瓦龙岩组（T$_3$$c$）的分布。断裂在察瓦龙以南沿怒江河谷分布，河谷受断裂控制而呈近南北向的线状展布，沿断裂具有新构造活动的特征：发育南北向线状断层三角面、错断山脊等地貌（图 2.4 - 8）；在察瓦龙镇下游约 1km 的河湾（察瓦龙怒江第一湾），可见沿基岩断裂逆冲至河流沉积物（阶地）之上，基岩断裂逆冲活动引起河流沉积物（T$_2$ 阶地）错断，并造成 T$_2$ 阶地阶面弯曲变形（图 2.4 - 9）形成线状陡坎。

图 2.4 - 7　碧土断裂带中的擦痕构造（镜向 S）

沿河谷两岸，崩塌、泥石流等地质灾害极为发育，并严格受断裂带影响而呈线状分布。

图 2.4 - 8　察瓦龙断裂形成的断层三角面及错断山脊（察瓦龙）（镜向 E）

图 2.4 - 9　察瓦龙断裂错断二级阶地特征（察瓦龙南）（镜向 S）

怒江结合带断裂总体活动时期为早-中更新世（Q$_{1-2}$），局部地段有晚更新世—全新世（Q$_{3-4}$）活动迹象。

2.4.5　玉曲断裂（F$_{8-1}$）

玉曲断裂（F$_{8-1}$）紧邻怒江结合带东界断裂发育的一条规模较大的活动断裂，长达274km，也有研究称该断裂为怒江断裂带邦达断裂。

断裂沿玉曲河及支流沿线展布，在河谷中发育大量活动构造地貌（图 2.4 - 10～图 2.4 - 12）。

图 2.4－10　玉曲河左岸断层三角面构造地貌（镜向 NE）

图 2.4－11　玉曲河右岸断层陡坎构造地貌
（镜向 SW）

图 2.4－12　玉曲河谷冲沟位错构造地貌
（镜向 E）

　　在郭庆乡以北的玉曲河支流西侧，断层错断 T_1 阶地；断裂断错支流的冲沟的洪积扇体，形成一线性陡坎，局部地段形成弃沟（图 2.4－13），断裂呈 N35°W 走向，经跨断层陡坎测量（图 2.4－14、图 2.4－15），L4 和 L5 陡坎高分别为（11±0.1）m 和（6±0.1）m。洪积扇上废弃冲沟水平位错分别为（10.5±0.1）m 和 11m 左右，可能为多次位错累积值，经阶地年龄对比，断错的阶地物质年龄值约为 3000～4000a，滑动速率约为 1.5～2mm/a。

图 2.4－13　郭庆乡以北玉曲断裂断错一级阶
地形成弃沟地貌图

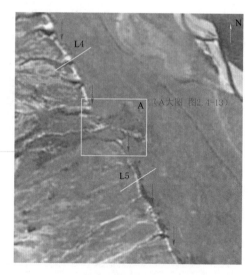

图 2.4－14　郭庆乡以北玉曲断裂断错
一级阶地影像及解译图

　　玉曲断裂在玉曲河谷内隐伏通过（图 2.4－16），地貌上不甚明显。在玉曲河 T_1 阶地（邦达机场南）拔河高约 2～4m 处，断裂新活动性引发阶地变形，具体表现为全新统卵

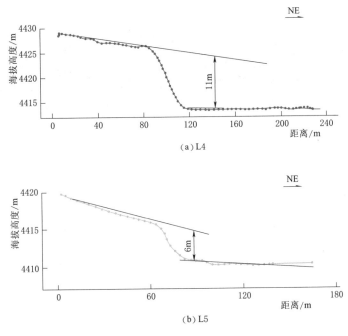

(a) L4

(b) L5

图 2.4 - 15　郭庆乡以北玉曲断裂断错一级阶地跨断层陡坎测量

石定向排列（图 2.4 - 17、图 2.4 - 18），卵石定向排列的产状为 N85°W/SW∠68°，标志层位变形表现为挠曲，变形量约 1.2m，阶地顶部的耕植土未见明显错动。

变形层为全新世砂卵石层，经区域对比，估计年龄值为 2000a，滑动速率为 0.6mm/a。综合分析认为，该断裂为全新世活动断裂。

在玉曲河右岸发育一级河流阶地，拔河高约 8m，阶地面上未见明显的新活动地貌

图 2.4 - 16　玉曲河断裂地貌图（镜向 E）

显示。剖面上发育一断层，断层面最宽约 1m，断层产状为 N30°E/SE∠65°，空间位置上与怒江断裂呈斜交。该断层切错该阶地卵砾石层和砂层，剖面上一浅灰黄色砂层形成约 10cm 的断距，断面通过处，卵石有较为明显的定向排列（图 2.4 - 19）。

研究资料综合表明，玉曲断裂是一条全新世活动断裂。

2.4.6　澜沧江断裂带（F_9、F_{10}、F_{11}）

如前所述，澜沧江断裂带由北澜沧江结合带边界断裂——西边界（察浪卡）断裂（F_9），东边界（加卡）断裂（F_{10}），以及竹卡火山弧与昌都—思茅盆地的分界断裂——澜沧江（竹卡）断裂组成（F_{11}）。澜沧江（竹卡）断裂即是通常认为的澜沧江断

怒江断裂断错玉曲河一级阶地（邦达机场南）

图 2.4-17　玉曲河断裂错断一级阶地特征（镜向 E）

Q_4^{el}—全新统残积层；Q_4^{al}—全新统冲积层；Q_4^{ml}—全新统人工堆积物

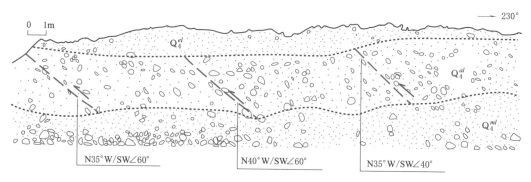

图 2.4-18　怒江断裂断错一级阶地剖面图

Q_4^{el}—全新统残积层；Q_4^{al}—全新统冲积层；Q_4^{ml}—全新统人工堆积物

裂，将在第 4 章进行详细论述。

2.4.7　金沙江断裂带（F_{16}）

为松潘—甘孜造山系与唐古拉—兰坪—思茅造山系的分界断裂，亦是人们曾称为"川滇块体"的西部边界断裂，形成于加里东期，华力西、印支、喜山期多次活动，为切割岩石圈的深大断裂，全长达 1200km，大致沿金沙江两侧展布，研究区内长近 452km。该断裂被北北东向巴塘断裂、北西向德钦—中甸—大具断裂截切成三段（北段、中段、南段）。巴塘断裂以北为北段，呈北北西向延伸；巴塘断裂和德钦—中甸—大具断裂之间为中段，

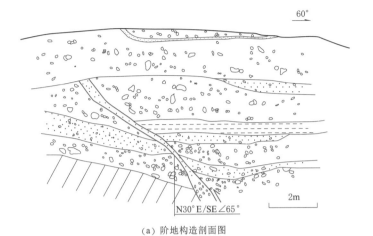

(a) 阶地构造剖面图

(b) 阶地剖面图像一　　　　　　(c) 阶地剖面图像二

图 2.4 - 19　玉曲河右岸一级阶地

近南北向；德钦—中甸—大具断裂以南为南段，由近南北向折为南东向。研究区主要涉及金沙江断裂北段和中段受限于构造环境的复杂以及野外工作条件极端恶劣，有关构造带内断裂的展布范围和断裂组成、活动性一直存在争议，本研究将该断裂带在宽约 70km 的范围内划分出 6 条规模较大的断裂，从东向西分别为白玉—莫洛断裂、五境—石鼓断裂、德登—老君山断裂、江达—施坝断裂、羊拉—白马雪山断裂、拉妥—德钦—雪龙山断裂，其中德登—老君山断裂为主断裂。这些断裂控制古近纪盆地的形成、发展和变形。晚新生代以来的活动性表现强烈挤压，仅在北北西向或北北东向段表现水平滑动分量。

GPS 测量结果表明，金沙江断裂带现今东西向缩短速率为 2～3mm/a（陈智梁 等，1998）。白玉—莫洛断裂在巴塘以南至茨巫—夺松贡断裂段以北段、金沙江主断裂德登—老君山断裂、江达—施坝断裂在巴塘断裂带与德钦—中甸—大具断裂间段在晚第四纪有明显活动。金沙江主断裂在巴塘县城附近的曲真其附近，晚更新世河流相砂砾石层中发育两条近南北向小正断层；德仁多南的刀许附近，断裂切过山体边坡，一系列冲沟同步左旋位错了 120～140m 不等，并伴生了大小不一的断塞塘；小冲巴—将巴顶附近，断裂斜穿山体边坡，呈反向抬升，形成高约 2～5m 的断层陡坎，并伴生很小的断塞塘，地表下 30cm 处的 ^{14}C 年龄为 (0.770±0.030)ka，一条小干沟及其侧缘陡坎被左旋位错了 9m。在亚日贡以南将一系列冲沟及其洪积扇侧缘陡坎右旋位错了 180～210m，晚更新世中期洪积扇面上形成高约 12.7m 的断层陡坎。据此，估算晚更新世以来平均水平滑动速率为 3.3～4.1mm/a，平均垂直滑动速率为 0.2mm/a（周荣军 等，2006）。再向南，在得荣以北的嘎金雪山东南断裂剖面，断层泥热释光（TL）年龄为（78.31±6.64）ka，即断裂最新活动时代为晚更新世中期。江达—施坝断裂，在王大龙附近晚更新世晚期—全新世洪积扇面上发育一条高 0.5m 左右的近南北向小断层陡坎，可能是 1923 年该断裂上发生的巴塘 6½ 级地震所致。

综上所述，金沙江断裂带北段为早中更新世断裂，金沙江断裂带中段，只有金沙江主断裂为全新世活动断裂，其他分支断裂为早-中更新世断裂。

2.4.8 达郎松沟断裂（F_{17}）

达郎松沟断裂由新路海北东起，向南东，经日弄、达郎松沟、上达火沟、到阿色曲，断层整体走向北西，倾向南西。该断裂具有燕山期和喜山期强烈活动特点，断切了燕山期花岗岩及早第三纪沉积，喜山期强烈活动造成对第三纪盆地的破坏。于阿色尼巴沟口附近公路边发现断裂断错了阿色曲河 T_3 台地面。该地区 T_3 台地堆积年龄为 49～112ka，即形成于晚更新世（周荣军 等，1996，1997；闻学泽 等，2003）。这表明达郎松沟断裂为晚更新世活动断裂。

2.4.9 甘孜—玉树断裂带（F_{18}）

断裂带北西起于青海治多以西，向南东经玉树、玉树巴塘（小巴塘）、邓柯、马尼干戈至甘孜附近，与鲜水河断裂呈较大尺度的左阶羽列，断裂总体走向在 N50°～60°W 之间，研究区内长约 115km。断层以左旋走滑运动为特征，常见冲沟、洪积扇、河流阶地及冰碛物等的左旋错断现象，全新世以来的平均水平滑动速率为 7～12mm/a（闻学泽 等，1985，2003；周荣军 等，1996）。其中，玉树于 2010 年 4 月 14 日发生过玉树 7.1 级地震，据初步考察，地震地表破裂带长达 65km 左右（陈立春 等，2010）。四川境内的甘孜—玉树断裂以邓柯和垭口为界可大致分为三段：北西段（邓柯段）长约 80km，发生过 1896 年邓柯 7 级地震，现今可见的地震地表破裂长 60km 左右；中段（马尼干戈段）长约 170km，根据历史地震记载和 ^{14}C 测龄结果，该断裂段于（1.320±0.060）ka 或 1866 年发生过一次 8 级左右的地震（闻学泽 等，2003）；南东段（甘孜段）全长约 40km，可能发生过 1854 年甘孜≥7 级地震（周荣军 等，1996，1997；闻学泽 等，2003）等多次古地震。综上所述，甘孜—玉树断裂带为全新世活动断裂带。

2.4.10 郭庆—谢坝断裂（F_{21}）

该断裂西起洛隆县白达乡附近，经郭庆乡，止于察雅县卡贡乡附近，断裂走向北西西，倾向北北东，倾角 60°～70°，长约 239km。该断裂是与色木雄断裂产状、成因，性质相似的一组断裂，构造上显示，该断裂切割了其他方向的构造线，对第四纪盆地（郭庆乡盆地）及玉曲河、学曲河具有明显的控制作用。在研究区范围内，郭庆—谢坝断裂西起洛隆县白达乡附近，经郭庆乡、益庆乡，止于察雅县卡贡乡附近。断裂走向北西西，倾向北北东，倾角 60°～70°，断裂南、北盘分别为呈北西～北北西展布的怒江蛇绿混杂岩带、左贡地块和澜沧江蛇绿混杂岩带，但两盘地层和岩体均产生了不同程度的左行错移。

断裂通过基岩处可见变形强烈的断层破碎带，以下介绍几处典型断层点。

（1）浪拉山口。断层通过山垭口，向东沿深切学曲（河）展布。发育在垭口基岩中的变形带宽 20～30m，变形带至少由三条断裂组成（图 2.4-20）。断裂走向北西西，倾向北北东，倾角 50°～70°。断层上盘为左贡地块新元古界酉西岩群（Pt_3Y）二云石英片岩、钠长石英片岩、变粒岩等变质岩变形形成片理化构造角砾岩、构造片岩（图 2.4-21），常混杂南（上）盘上三叠统甲丕拉组（T_3j）砂岩、页岩等角砾，角砾被劈理切割成扁豆状、透镜状、薄片状，显示以脆性为主兼有韧性的变形。断层下盘（南）为上三叠统甲丕拉组（T_3j），至少发育有三条与主断裂产状和性质相同的次级断层，次级断裂宽 0.5～1m，断裂带由砂板岩质劈理化构造角砾岩、碎斑岩等组成，构造角砾有明显的定向，并伴有明显的褪色现象，显示脆性为主的变形。断层面可见近水平擦痕和阶步构造，指示左行错动的运动方式（图 2.4-22）。

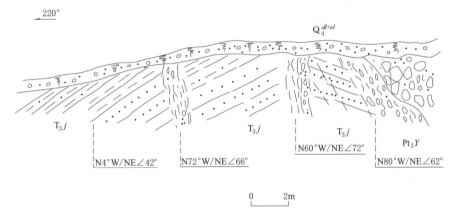

图 2.4-20　郭庆—谢坝断层构造剖面图（浪拉山学对村）

Q_4^{dl+el}—全新世残坡积；T_3j—上三叠统甲丕拉组；Pt_3Y—新元古界酉西群

图 2.4-21　郭庆—谢坝断层上盘的构
造角砾岩（镜向 W）
（浪拉山学对村）

图 2.4-22　郭庆—谢坝断层下盘的
碎粉岩（镜向 W）
（浪拉山学对村）

（2）卫曲日当。断层展布于卫曲（河）左岸岸坡下部。断层由北（下）盘南羌塘—左贡地块三叠纪二长花岗岩（$\eta\gamma T$）组成；断层南（上）盘多被第四系冲积层覆盖，覆盖层之下为怒江混杂岩带的构成蛇绿混杂岩基质的上三叠—下侏罗统罗冬岩群强片理化砂板岩。断层带发育在北（下）盘二长花岗岩中，宽10m左右；断层走向北西西，倾向南南西；观察点处，明显存在两个断层面（图2.4-23），倾角分别为10°～20°和50°～60°，且缓倾断面切割陡倾断面。陡倾断层带较宽，约5～8m，发育二长花岗岩质劈理化构造角砾岩、破裂岩及少量碎斑岩（图2.4-24），角砾呈椭圆状，有一定的定向。劈理受后期缓倾断层改造发生强烈的弯曲变形，在劈理面发育明显的斜冲擦痕，指示左行斜冲的运动方式（图2.4-25）。缓倾断层破碎带较窄，宽仅数十厘米，主要由二长花岗岩质碎粒岩（细构造角砾岩、碎斑岩）组成，与下伏的陡倾断层带接触处的断面附近发育碎斑—碎粉岩，断面上发育近水平的左行平移擦痕构造。

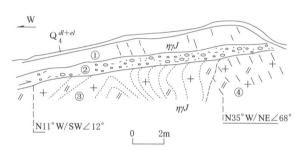

| （a）断层剖面图像 | （b）断层剖面图 |

图2.4-23　郭庆—谢坝断层构造剖面（示陡倾带和缓倾面）（卫曲日当）（镜向N）

Q_4^{dl+el}—全新世残坡积；$\eta\gamma J$—侏罗纪二长花岗岩；

①—破裂岩；②—碎粒岩；③—碎粒岩、构造角砾岩；④—劈理化构造破裂岩/角砾岩

| 图2.4-24　郭庆—谢坝断层中的花岗质构造岩（镜向NW） | 图2.4-25　郭庆—谢坝断层斜冲擦痕构造（镜向N） |

（3）郭庆乡。郭庆—谢坝断裂具有明显的活动性。在郭庆乡附近，断裂错动洪积扇（洪积堆积物应当形成于全新世）及T_1阶地，沿断裂走向发育一系列的新活动性地貌，如断塞塘、断层陡坎、冲沟同步位错等（图2.4-26）。断裂在玉曲河左岸T_1阶地上形成高约几十厘米至数米的陡坎，沿陡坎走向延伸数千米长，线性特征明显（图2.4-27）。

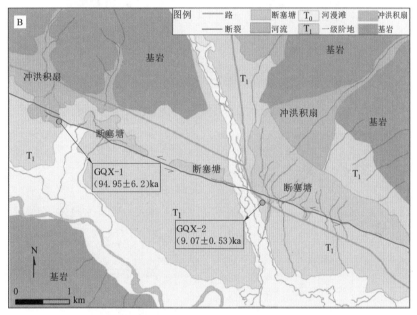

图 2.4 – 26　郭庆—谢坝断裂郭庆乡附近卫星影像（A）及断错地貌解译图（B）

图 2.4 – 27　郭庆—谢坝断裂郭庆乡附近断错 T_1 河流阶地（镜向 NW）

通过无人机航拍和差分垂直断层陡坎测量，断裂在一冲洪积扇上形成挤压脊地貌，并在 T_1 阶地上形成 2.8m 的断层陡坎。向东在靠近国道处玉曲河右岸，断裂左旋断移 T_1 阶地 40m 左右，并形成 2.1m 的断层陡坎。根据光释光（OSL）测年结果，T_1 阶地年龄约（9.07±0.53)ka，可以计算出该断裂的左旋滑动速率为（4.43±0.25)mm/a，垂直滑动速率为（0.27±0.04)mm/a。

（4）日当西的卫曲河左岸谷坡上，覆盖在郭庆—谢坝断层带之上的 T_1 阶地（Q_4^{al}）冲积扇中发育大量错断冲积层的断层（图 2.4-28、图 2.4-29）。断层倾角较陡，主要以逆冲为主。

图 2.4-28　一级阶地中的第四纪断层剖面（日当西的卫曲河左岸）（镜向 SE）

（a）逆冲错断砂层及砂层牵引

（b）逆冲错断砂层

（c）逆冲错断砂层及泥质层

（d）逆冲错断砂砾石层

图 2.4-29　一级阶地中的第四纪断层变形特征（日当西卫曲河左岸，镜向 SE）

（5）在断裂东段察雅县卡贡乡色曲河谢坝附近，断裂在晚第四系湖相（冰水）沉积物及全新世洪积物中发育很好的构造变形（图 2.4 - 30）。该处主断层上盘为全新统洪积物，下盘为一套冰水湖相沉积，主断层带中砾石具有一定的定向及微弱劈理化，破碎带宽 $10\sim20$cm，产状为 N30°W/SW∠62°，剖面上表现为张剪性质。断层下盘湖积层岩性主要为灰黄色极薄泥质层、薄层状细砾层、灰色含砾砂质层，呈韵律式产出。粒序层理、水平层理、平行层理、波状层理极为发育。砾石磨圆较好，分选一般，具有一定的定向性。层面 S_0 产状为 N30°~50°E/NW∠10°~12°。

图 2.4 - 30　郭庆—谢坝断层东段第四纪断层剖面（谢坝）
Q_4^{dl}—全新统坡积层；Q_4^{pl}—全新统洪积层；Q_4^{l}—全新统湖积层

下盘未固结湖积层中发育大量的共轭剪节理共轭剪节理产状为两组的优势产状为近南北向、近东西向。第一组：N5°W/NE∠76°，N20°E/SE∠75°，N10°E/SE∠78°，N16°E/SE∠75°，N10°E/SE∠80°，N7°E/SE∠70°；第二组：N70°E/SE∠80°，N75°E/SE∠70°，N85°E/SE∠80°，N87°E/SE∠75°，N82°E/SE∠85°，N88°W/SW∠76°。

紧邻主断层下盘发育正断层系，走向近东西，可见明显的标志层发生错断，沿断层面最大错距可达 36cm，断层组合样式呈地堑式［图 2.4 - 30（a）］。

该套沉积物内部还发育大量逆断层，主断层西约 30m 处可见发育良好、形式各异的逆断层，包括：①叠瓦状逆断层，在叠瓦状断层优势产状近东西向，如 N86°E/SE∠76°，N80°E/SE∠72°，断距 $10\sim20$cm［图 2.4 - 30（b）］；②背冲式逆断层，逆断层组合呈对称，走向近南北，典型产状如 N15°/SE∠70°，N40°E/SE∠72°，N25°E/SE∠50°等，错距为 $7\sim18$cm，断层末端表现为褶皱挠曲（图 2.4 - 31）。此外，在上述观察点南约 100m、学曲河左岸冰水沉积物中发育一系列近东西向的正断层，断距一般数厘米，垂坡向发育（图 2.4 - 32）。综合分析认为，该断裂垂直位错最大处为 2.1m，可能为一次地震的同震位错。

综上所述，郭庆—谢坝断裂是一条错断基岩断层，并在第四纪也有明显强烈活动的断层，可能还控制着现代的地震活动，为一条全新世活动断裂。

2.4.11 色木雄断裂（F_{22}）

断裂北西始于察雅县通不来西，向南东经通不来—色木雄—嘎益，穿过澜沧江延伸至芒康县嘎沙一带，长度约 80km，走向北西西，倾向南南西，倾角 60°～70°（图 2.4-33）。断裂对新近纪、第四纪盆地具有明显的控制作用。断层线性构造地貌特征显著，通过之处形成线性槽谷、深切沟谷、垭口及鞍部、坡中脊等地貌特征，具有明显的新活动特点。

断层斜切左贡地块、澜沧江蛇绿混杂岩带、竹卡火山（岩浆）弧和昌都—兰坪前陆盆地，是一条与郭庆—谢坝断层几何学、运动学和变形学相似的

图 2.4-31 郭庆—谢坝活动断裂发育的第四纪叠瓦状逆断层（谢坝）

断层。断层两盘出露地层较复杂，可见酉西组（Pt_3Y）、卡贡岩组（C_1k）、竹卡组（$T_{2-3}\check{z}$）、甲丕拉组（T_3j）、波里拉组（T_3b）、阿堵拉组（T_3a）、夺盖拉组（T_3d）、汪布组（J_1w）、东大桥组（J_2d）、贡觉组（$E_{2-3}g$）等，断层形成于喜山期（图 2.4-33）。

图 2.4-32 郭庆—谢坝断裂发育的第四纪小型正断层

断层呈北西西～南东东展布，向南西倾，在东段（澜沧江以东），断层倾角中等（图 2.4-34）；断层受深切割地形影响较大，呈不规则曲线状出露；西段的色木雄村子附近可能存在倾角缓和倾角陡的两条断层叠加（图 2.4-35），倾角缓者代表色木雄断裂总体产状（也可能是形成期的初始产状），倾角陡者叠加于倾角缓者之上，切割倾角缓者，可能

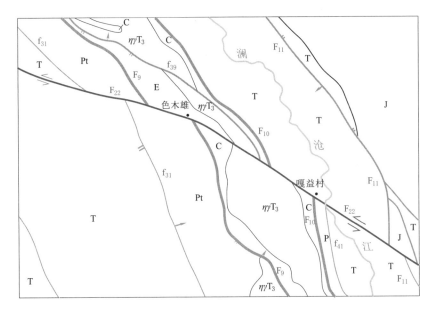

图 2.4 - 33 色木雄断裂展布图（其余次级断裂见表 4.0 - 1）

F₉—澜沧江怒江结合带西界断裂；F₁₀—澜沧江怒江结合带东界断裂；F₁₁—澜沧江断裂；F₂₂—色木雄断裂

代表色木雄断裂新构造时期的产物；在东段（澜沧江以东）断层倾角相对较陡（图 2.4 - 36），受地形影响较小，多沿深切沟谷呈较平直线状展布。

由于断层展布与区域构造线斜交，故在平面上错切了南羌塘—左贡陆块、澜沧江结合带和昌都—思茅陆块的竹卡陆缘火山弧三个构造单元不同时代地层及构造线（如澜沧江结合带边界断裂、竹卡断裂等），并使之发生位移、错位。据断层对构造线（竹卡断裂）（图 2.4 - 37～图 2.4 - 39）及其他地质体（如 T₃b 灰岩）错移方向（图 2.4 - 40，图 2.4 - 41），可以确定色木雄断裂为北东盘向西、南西盘向东运动的左行平移断层。

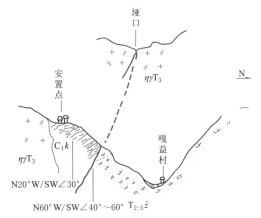

图 2.4 - 34　色木雄断裂构造剖面图（嘎益村）

T₂₋₃ẑ—中-上三叠统竹卡组；C₁k—下石炭统卡贡岩组；

ηγT₃—晚三叠世二长花岗岩

另可在断裂构造面上见两组擦痕，其中早期为左行斜落，晚期为左行平移（图 2.4 - 42、图 2.4 - 43）。

断裂变形强烈，构造带可宽达十余米至数十米，并有明显的强弱（破裂岩—构造角砾岩—碎粒岩）分带，自上盘至下盘分述如下。

1）上盘弱变形带（图 2.4 - 44）。宽 10～30m，由强片（劈）理化千板岩质断层破裂岩组成，角砾呈透镜状平行排列，角砾磨蚀程度较低，碎基含量小于等于 10%，断层以脆性变形为主，兼有韧性变形。

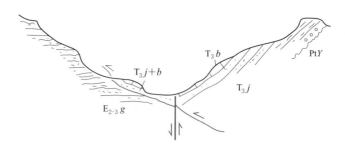

图 2.4－35　色木雄断裂构造剖面图（色木雄村）

$E_{2-3}g$—古近系贡觉组；T_3b—上三叠统波里拉组；T_3j—上三叠统甲丕拉组

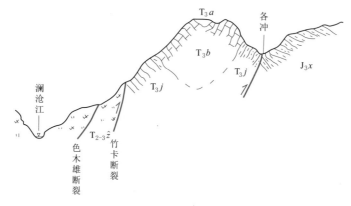

图 2.4－36　色木雄断裂构造剖面图（通沙）

J_3x—上侏罗统小定西组；T_3a—上三叠统阿堵拉组；T_3b—上三叠统波里拉组；

T_3j—上三叠统甲丕拉组；$T_{2-3}\hat{z}$—中-上三叠统竹卡组

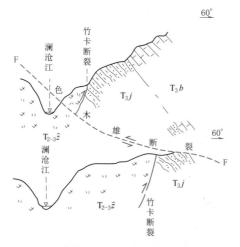

图 2.4－37　色木雄断裂栅状图（通沙）

T_3a—上三叠统阿堵拉组；T_3b—上三叠统波里拉组；

T_3j—上三叠统甲丕拉组；$T_{2-3}\hat{z}$—中-上三叠统竹卡组

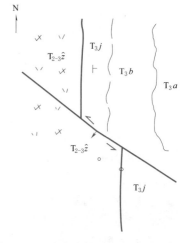

图 2.4－38　色木雄断裂平面图（通沙）

T_3a—上三叠统阿堵拉组；T_3b—上三叠统波里拉组；

T_3j—上三叠统甲丕拉组；$T_{2-3}\hat{z}$—中-上三叠统竹卡组

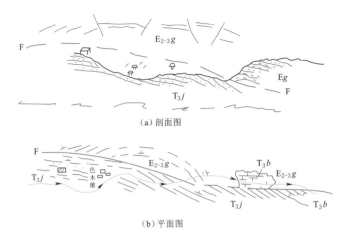

（a）剖面图

（b）平面图

图 2.4－39　色木雄断裂平面及剖面图（色木雄村）

$E_{2-3}g$—古近系贡觉组；T_3b—上三叠统波里拉组；T_3j—上三叠统甲丕拉组

图 2.4－40　色木雄断裂左行错断竹卡断裂构造特征图（通沙）（镜向 N）

T_3b—上三叠统波里拉组；T_3j—上三叠统甲丕拉组；$T_{2-3}\hat{z}$—中-上三叠统竹卡组

图 2.4－41　色木雄断裂左行错断波里拉组（T_3b）灰岩构造特征图（色木雄村）（镜向 NE）

$E_{2-3}g$—古近系贡觉组；T_3b—上三叠统波里拉组；T_3j—上三叠统甲丕拉组

图 2.4－42　左行斜落擦痕（镜向 NE）

图 2.4－43　左行水平擦痕（镜向 NE）

2）上盘强变形带（图2.4-45）。发育于上盘卡贡岩组（C_1k）和下盘竹卡组（$T_{2-3}\hat{z}$）接触处，宽2～8m，由上盘强劈（片）理化千板岩质构造角砾岩、碎斑岩和下盘强劈理化英安岩质构造角砾岩、碎斑岩组成，角砾呈透镜状平行排列，角砾磨蚀程度高，碎基含量大于等于20％～50％，断层以脆性变形为主，部分地段兼有韧性。

图2.4-44　色木雄断裂构造带变形特征　　　　图2.4-45　色木雄断裂构造带分带特征（镜向NW）
　　　　　　（镜向NW）　　　　　　　　　　　$T_{2-3}\hat{z}$—中-上三叠统竹卡组；C_1k—下石炭统卡贡岩组

3）下盘弱变形带。宽5～10m，由劈理化英安岩质构造破裂岩组成，角砾磨蚀程度较低，碎基含量小于等于5％，断层以脆性变形为主。

在左贡沙溢村，与色木雄断裂性质、产状相同的次级断裂发育（图2.4-46），破碎带宽达2m以上，断层走向北西西，倾向北北东，倾角较陡（60°～70°），代表性产状N65°W/NE∠58°。内部发育碎粉岩—断层泥带：宽度20～30cm（图2.4-46中②-1），断层岩性状较差，胶结松散；透镜体—破劈理带：带宽数十厘米至一米，透镜体最大扁平面与断层产状大致平行，破劈理与断层面小角度相交（图2.4-46中②-2）；碎粒岩带：带宽数十厘米至一米左右，断层岩以碎粒岩为主，局部分布细构造角砾岩及碎粉岩（图

图2.4-46　左贡沙溢村色木雄断裂剖面图（镜向NW）
①—C_1k下石炭统卡贡岩组；②-1—碎粉岩—断层泥带；②-2—透镜体—破劈理带；
②-3—碎粒岩带；③—C_1k下石炭统卡贡岩组

2.4－46 中②－3）。断层泥石英形貌类型较复杂（图 2.4－47），以次贝壳状为主，部分贝壳状、橘皮状及虫蛀状，显示晚更新世活动特征。

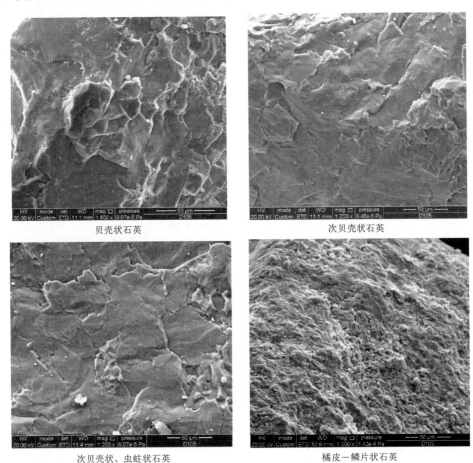

贝壳状石英　　　　　　　　　　　　　　次贝壳状石英

次贝壳状、虫蛀状石英　　　　　　　　　橘皮—鳞片状石英

图 2.4－47　色木雄断裂石英碎屑形貌

在色木雄村附近，基岩断裂发育良好，断裂剖面南侧的山脊上，发育很清晰的一系列的反向坡中脊（图 2.4－48），坡中脊表层物质初步定为全新世坡积物，断裂具有全新世活动迹象。

经卫星影像解译，在色木雄村西约 5km，沟南侧发育三条阶梯状活动断层陡坎，坎高 10～20m（图 2.4－49），更新统洪积扇被断层错切，南西盘抬升，洪积扇表面冲沟被错动，冲沟物质为全新世物质，表明断裂具有全新世活动迹象。

沿色木雄断裂，于 2013 年 8 月 12 日发生过 6.1 级的左贡地震，震中最大烈度Ⅷ度。

综合上述地质地貌及测年结果，判断色木雄断裂为全新世活动断裂。

2.4.12　小昌都断裂（F_{23}）

小昌都断裂又称小昌都—灯昌断裂，长约 23km，为一条右行平移断裂。断层北东～南西向展布，倾向北西，倾角较陡（50°～70°）。断层起于小昌都南西，向北东，经徐拉、

图 2.4 - 48　色木雄附近色木雄断裂反向
坡中脊（镜向 S）

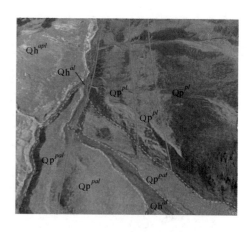

图 2.4 - 49　色木雄断层错断更新统
（色木雄村西约 5km）

Qh—全新统；Qp—更新统；*al*—冲积；*pl*—洪积；
apl—冲洪积；*pal*—洪冲积

灯昌，然后交于金沙江断裂之上。1：20 万盐井幅展示断裂沿小昌都沟展布，南西端已到达澜沧江边，经实地调查认为，小昌都断裂并未沿小昌都沟展布，而是从小昌都沟北约 300m 的山坡经过，小昌都沟口一带无断层迹象，更未到达澜沧江边。

小昌都断裂主要断于中生代地层中，具逆冲兼右旋运动性质，切割了近南北向构造，造成澜沧江断裂右行错移约数十米。

在小昌都村附近公路陡壁，于上三叠统小定西组玄武岩中见断裂良好露头，为宽度 35～40m 的断层破碎带（图 2.4 - 50），主要由断层破裂岩、构造角砾岩和断层泥组成，胶结程度较高，成带性明显，显示断层多期活动的特点。破碎带边界断面上发育斜冲擦痕、阶步，显示断层为右旋挤压产物，断面走向北西，倾向北东，倾角 55°～60°。于断面上取黄灰色断层泥物质，热释光（TL）法测定的年龄值为（177.610±19.540）ka。

图 2.4 - 50 （一）　小昌都村附近小昌都断裂剖面图像

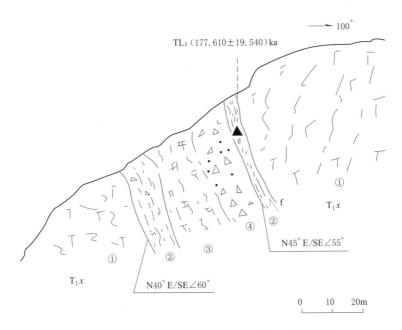

$\longrightarrow 100°$

TL:（177.610±19.540）ka

N45°E/SE∠55°

T_1x

N40°E/SE∠60°

T_1x

0　　10　　20m

图 2.4-50（二）　小昌都村附近小昌都断裂剖面图
①—三叠纪玄武岩；②—断层泥带；③—断层碎裂岩；④—断层角砾岩；
▲—测龄样品采集位置

在红拉山南麓的上三叠统阿堵拉组灰色泥岩、钙质泥岩夹砂岩地层中，可见到多条断层露头，其中主断面产状为 N60°E/NW∠50°，断面上发育侧伏角在 35°左右的擦痕（图2.4-51）。主破碎带呈紧闭状，发育厚度 3~5cm 的灰黑色断层泥。断层上盘地层中发育两条规模较大的近平行的次级压性断层，走向北西，倾北东，倾角 60°。断层附近岩层陡立，并出现牵引变形。分别于主断面和次级断面上取断层泥物质，热释光（TL）法测定的年龄值分别为（255±28）ka 和（216±18）ka。

依据上述地形地貌、构造岩特征及测年数据，说明小昌都断裂为早-中更新世断裂（Q_{1-2}），不具活动性。

图 2.4-51（一）　红拉山西麓小昌都断裂剖面图像

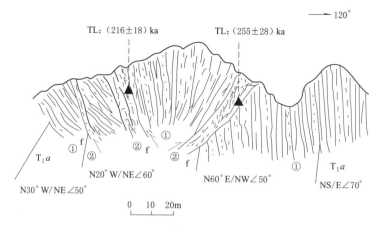

图 2.4-51（二） 红拉山西麓小昌都断裂剖面图

①—三叠纪泥岩夹砂岩；②—断层泥、碎裂岩带；▲—测龄样品采集位置

2.4.13 巴塘断裂（F_{24}）

北东走向的巴塘断裂分布在研究区东部，长度约 150km，为一条右旋走滑运动的全新世活动断裂，斜切了金沙江断裂带的主体，呈 N30°E 方向展布于巴塘北东的莫西与澜沧江之间，由数条次级断裂总体呈左阶羽列组合而成，在多处具有明显的新活动地质地貌表现，以金沙江为界，可大体分为莽岭段和巴塘段。研究区包括了莽岭段的一部分。

在芒康的莽岭乡一带，断裂呈 N30°E 方向沿勒曲河延伸，发育有非常清晰的线性地貌，并将一系列冲沟及洪积扇侧缘陡坎同步右旋错断（图 2.4-52）。该处发育有两期洪积扇，较老一期洪积扇顶面的热释光（TL）年龄值为（48.9±3.9）ka，较新一期洪积扇顶面热释光（TL）年龄值为（20.2±1.6）ka。在两处测得的较老一期洪积扇侧缘陡坎及冲沟的位错量分别为 100m 和 130m，估计的平均水平滑动速率为 2.0～2.7mm/a；在较新一期洪积扇上测得扇体侧缘及冲沟的右旋位错量为 50m，估计的平均水平滑动速率为 2.5mm/a。横跨反向断层陡坎布设的一条长约 12m、深 1.5～2.0m 的探槽（图 2.4-53），其南西壁揭示出两条比较清楚的第四纪断层将⑦、⑤及④层底界切断，并被④层顶面所封闭。在 F_1 断层上方呈喇叭状开口，似地震楔的一般特征；但该探槽内因无合适的 [14]C 测龄样品，故最新一次地震事件发生的时间无法估计。

巴塘断裂的北东段（即巴塘段）的线性地貌发育情况明显不如南西段（莽岭段），但在黄草坪、雅洼、拉扎赫及巴塘县城附近也发育有坡中槽地貌。黄草坪陷陷槽谷内的钻孔揭示出厚度超过 100m 的第四系沉积，并夹有数十米厚的黏土层，可能是巴塘断裂新活动所导致的断塞堆积。在雅洼村北，巴塘断裂在玛曲河 T_2 阶地的晚更新世晚期冲、洪积物中形成张剪性断层（图 2.4-54）。

有史料记载以来，巴塘断裂上发生过一次 1870 年巴塘 7¼ 级地震，据地震地表破裂估计的 0.8～0.9mm/a 水平滑动速率应视为下限值。破裂在黄草坪垭口附近现今仍依稀可辨。雅洼附近发现的一条小干沟侧缘被巴塘断裂分别右旋位移了 4.4m 和 4.5m，可能

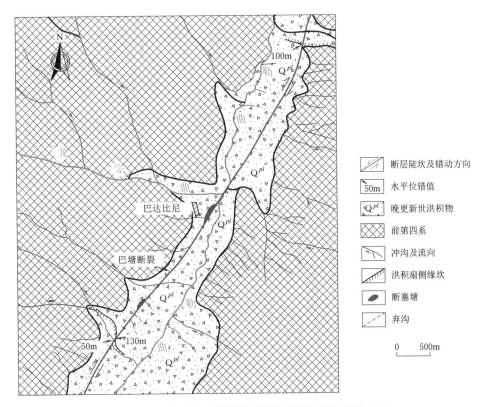

图 2.4 - 52 莽岭乡巴达比尼附近巴塘断裂及位移分布图

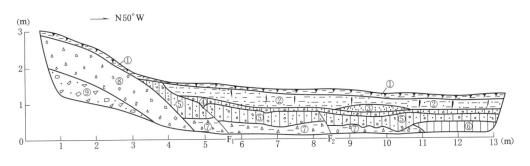

图 2.4 - 53 莽岭附近巴塘断裂探槽南西壁剖面图

①—黑色腐殖土层；②—黄褐色粉砂夹小块碎石；③—黄褐色黏质中细砂；④—褐黑色
亚黏土，偶夹小块碎石；⑤—黄褐色亚黏土，偶夹小块碎石；⑥—褐黑色黏土；
⑦—杂色亚黏土夹碎石；⑧—褐红色块砾石；⑨—杂色块石夹粗砂

是两次地震事件的累积位错，表明巴塘断裂具有强震原地复发的特点。

2.4.14 理塘断裂（F_{25}）

理塘断裂是川滇块体内部的一条与鲜水河断裂近于平行展布的全新世走滑活动断裂。北西起于蒙巴北西、向南东经查龙、毛垭坝、理塘、甲洼、德巫至木里以北消失，研究区

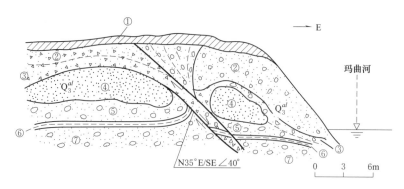

图 2.4-54　雅洼村北巴塘断裂新活动剖面图

①—腐殖层；②—黄灰色砂土夹碎石层；③—深灰色碎石层；④—紫色亚黏土层；

⑤—灰色砂卵石层；⑥—深灰色钙化泥土层；⑦—浅灰色砂卵石层

内长约 130km。断裂走向 N40°～50°W，总体倾向北东，倾角较陡，显示左旋走滑运动特征，控制了毛垭坝、理塘、甲洼及德巫等新近纪—第四纪盆地的生成和发展，并致新近纪—第四纪地层普遍遭受褶皱或断错作用。理塘盆地以西，断裂带主要由数条断层呈右阶羽列而成；理塘盆地以东则主要是由数条断裂近于平行展布或右阶斜列组合而成（唐荣昌 等，1995；徐锡伟 等，2005），均具有明显的断错地貌显示。

理塘断裂的平均水平滑动速率在理塘—德巫段为 3.2～4.4mm/a，在理塘以北为 2.6～3.0mm/a，在断裂南东尾端为 1.8～2.4mm/a。有史料记载以来，该断裂上发生过 1 次 1948 年 7.3 级地震，地震地表破裂带展布于理塘盆地西缘至德巫间。在毛垭坝附近发现有一条地震地表破裂带，可见长度约 1km，该地表破裂带的新鲜程度明显老于 1948 年地表破裂带，但其形成时间也不太久远，对比《四川地震资料汇编》编写组（1980）在该地区的调查考证资料，地表破裂带有可能是 1890 年地震所致。

根据断裂的几何结构特征及其历史地震的地表破裂分布现象，以理塘盆地西缘和德巫拉分盆地（唐荣昌 等，1995）为界，将理塘断裂分为三段：北西段由数条断层呈右阶羽列而成，平均水平滑动速率估值为 2.6～3.0mm/a，平均垂直滑动速率为 0.3～0.4mm/a；中段为 1948 年 7.3 级地震地表破裂的分布范围，平均水平滑动速率为 3.2～4.4mm/a；南东段平均水平滑动速率为 1.8～2.4mm/a。迄今未有 6.0 级以上地震的历史记载，现今以中小地震密集成带活动为主，但探槽揭示出该断裂段发生过多次古地震事件。

2.5　区域地震活动性

在工程场地的地震危险性分析中，一项基本的内容是了解工程场地所在区域范围内的地震活动规律，预测在工程使用年限内，工程场地周围可能发生地震的地点、强度和对工程场地产生的影响。区域地震活动的时空非均匀性是地震危险性评价中必须考虑的重要内容之一。本章通过对区域地震活动时空分布特征、历史地震对工程场地的影响以及现代构造应力场和震源错动类型的分析，为地震构造环境评价、澜沧江断裂活动性及发震能力等提供地震学依据。

2.5.1 区域地震目录

在研究区域地震活动性时，利用了我国丰富的历史地震资料和地震台网观测资料，将地震资料时段取至 2017 年 12 月。

区域地震资料的主要来源有：《中国历史强震目录（公元前 23 世纪—公元 1911年）》（国家地震局震害防御司，1995），《中国近代地震目录（公元 1912 年—1990 年 $M_S \geqslant$ 4.7）》（中国地震局震害防御司，1999），《中国地震台网（CSN）统一地震目录》（数据来源于中国地震台网中心 国家地震科学数据中心）。

地震震级的确定：无仪器记录的地震，其震级的确定均由史料记载评定其震中烈度，再按震级（M_S）与震中烈度的经验关系换算；凡有仪器记录的地震，其震级以仪器测定的为准。

现代小震通常采用近震震级（M_L），在以往工作中，将其转换为 M_S 震级时，所采用公式是根据邢台地震资料进行统计得出的转换公式：$M_S = 1.13 M_L - 1.08$。该公式适用于华北地区，其他地区兼用，震中距小于等于 1000km（国家地震局震害防御司，1990）。在编制第五代区划图的工作中，对 M_S、M_L 的关系重新进行了统计分析。根据 1990—2007 年间同时测定有 M_S、M_L 数据且震源深度小于 70km 的（6577 个）地震，拟合得到的关系式接近于 $M_S = M_L$（汪素云 等，2009）。因此，对于没有测定 M_S 的地震，本研究在震级标度转换时直接使用 $M_S = M_L$ 进行转换，统一表示成 M。

区域内共记录到 $M \geqslant 4.7$ 级破坏性地震 142 次，最早记载到的破坏性地震是 1128 年芒康一带大于等于 5 级的地震，记载到的最大地震是 1950 年 8 月 16 日察隅 8.6 级地震。表 2.5-1 给出了区域范围内 $M \geqslant 4.7$ 级地震及目录，表 2.5-2 是各震级档次的破坏性地震频次分布统计。

表 2.5-1　区域范围内破坏性地震目录（$M \geqslant 4.7$，1128 年至 2017 年 12 月，据中国地震台网）

序号	地震时间	地震震中位置			震级	震源深度 /km	地震震中烈度	精度
		北纬/(°)	东经/(°)	参考地点				
1	1128 年	29.3	98.6	芒康	≥5	*	*	5
2	1722 年	30	99.1	四川巴塘一带	≥6	*	≥Ⅷ	3
3	1870 年 4 月 11 日	30	99.1	四川巴塘	7¼	*	Ⅹ	2
4	1878 年 12 月	28.5	97.5	察隅	6½	*	Ⅷ	3
5	1911 年 7 月	28.5	97.5	察隅	6½	*	Ⅷ	4
6	1919 年 8 月 26 日	32	100	四川甘孜一带	6¼	*	*	*
7	1920 年 12 月 22 日	29.03	98.6	芒康	6	*	Ⅷ	*
8	1923 年 10 月 20 日	30	99	四川巴塘附近	6½	*	*	*
9	1929 年 5 月 25 日	29.3	98.7	芒康东南	5¾	*	*	*
10	1930 年 4 月 28 日	32	100	四川甘孜北	6	*	*	*
11	1930 年 8 月 24 日	30	100	四川理塘附近	5½	*	*	*

序号	地震时间	地震震中位置			震级	震源深度 /km	地震震中 烈度	精度
		北纬/(°)	东经/(°)	参考地点				
12	1931年10月2日	28.3	98	察隅东南	5¼	*	*	*
13	1932年3月7日	31	96	洛隆一带	4¾	*	*	*
14	1941年2月23日	28	96	察隅西南	5½	90	*	*
15	1941年8月2日	30	100	四川理塘西	5	*	*	*
16	1948年5月26日	30	100	四川理塘	5	*	*	*
17	1949年7月15日	29	98	察隅东北	5	*	*	*
18	1950年8月15日	28.5	96	察隅	8.6	*	>Ⅹ	2
19	1950年8月15日	28.7	96.6	察隅附近	5¾	*	*	*
20	1950年8月16日	28.7	96.6	察隅附近	6	*	*	*
21	1950年8月16日	28.7	96.6	察隅附近	6	*	*	*
22	1950年8月16日	28.7	96.6	察隅附近	6	*	*	*
23	1950年8月16日	28.7	96.6	察隅附近	6	*	*	*
24	1950年8月16日	28.7	96.6	察隅附近	6	*	*	*
25	1950年8月16日	28.7	96.6	察隅附近	5	*	*	*
26	1950年8月16日	28.7	96.6	察隅附近	5¼	*	*	*
27	1950年8月16日	28.7	96.6	察隅附近	5¾	*	*	*
28	1950年8月16日	28	96	察隅西南	5½	*	*	*
29	1950年8月16日	28.7	96.6	察隅附近	5½	*	*	*
30	1950年8月16日	28.7	96.6	察隅附近	6	*	*	*
31	1950年8月16日	28	98.5	云南贡山北	5	*	*	*
32	1950年8月18日	28.7	96.6	察隅附近	6¼	*	*	*
33	1950年8月19日	28.7	96.6	察隅附近	5¾	*	*	*
34	1950年8月19日	28.7	96.6	察隅附近	5	*	*	*
35	1950年8月20日	28.7	96.6	察隅附近	5¼	*	*	*
36	1950年8月21日	28.7	96.6	察隅附近	5¼	*	*	*
37	1950年8月24日	28.7	96.6	察隅附近	5¾	*	*	*
38	1950年8月30日	28.7	96.6	察隅附近	4¾	*	*	*
39	1950年9月3日	28.7	96.6	察隅附近	5¾	*	*	*
40	1950年9月4日	28.7	96.6	察隅附近	5¼	*	*	*
41	1950年9月4日	28.7	96.6	察隅附近	5	*	*	*
42	1950年9月13日	28.7	96.6	察隅附近	5¼	*	*	*
43	1950年9月22日	28	97.5	察隅南	5	*	*	*
44	1950年10月31日	32	97	昌都北	5½	*	*	*
45	1950年11月3日	30.4	97.3	察雅附近	5½	*	*	*

序号	地震时间	地震震中位置			震级	震源深度/km	地震震中烈度	精度
		北纬/(°)	东经/(°)	参考地点				
46	1950 年 11 月 21 日	29	96	墨脱东南	5	*	*	*
47	1950 年 12 月 3 日	29	96	墨脱东南	6	*	*	*
48	1951 年 1 月 1 日	29	96	墨脱东南	4¾	*	*	*
49	1951 年 2 月 15 日	29	98	察隅东北	5	*	*	*
50	1951 年 3 月 16 日	30.5	97.5	察雅附近	5¼	*	*	*
51	1951 年 3 月 17 日	30.9	97.4	昌都附近	6	*	*	2
52	1951 年 3 月 30 日	29.9	97.2	八宿附近	5	*	*	*
53	1951 年 4 月 7 日	30.5	97.5	察雅	5¼	*	*	*
54	1951 年 7 月 13 日	28.5	96	墨脱东南	5¼	*	*	*
55	1951 年 7 月 21 日	28.7	96.6	察隅附近	5½	*	*	*
56	1951 年 11 月 6 日	29	96	墨脱东南	5	*	*	*
57	1952 年 1 月 6 日	28.7	96.6	察隅附近	4¾	*	*	*
58	1952 年 5 月 21 日	31	97	昌都南	5	*	*	*
59	1952 年 6 月 2 日	29	96	墨脱东南	5¼	*	*	*
60	1953 年 4 月 15 日	28	97.5	察隅南	4¾	*	*	*
61	1953 年 4 月 23 日	30.5	96.7	八宿附近	5½	*	*	*
62	1953 年 4 月 23 日	30.5	96.7	八宿附近	5½	*	*	*
63	1953 年 7 月 25 日	28	97	察隅南	5	*	*	*
64	1953 年 10 月 9 日	29.9	97.2	八宿附近	5¼	*	*	*
65	1954 年 4 月 24 日	29.5	96.5	波密、察隅一带	4¾	*	*	*
66	1954 年 4 月 25 日	28.5	96.3	察隅一带	4¾	*	*	*
67	1954 年 4 月 26 日	29	97.5	察隅一带	4¾	*	*	*
68	1954 年 5 月 4 日	31	98.5	贡觉附近	5¼	*	*	*
69	1954 年 11 月 23 日	28.6	96	察隅西	5	*	*	*
70	1955 年 7 月 8 日	29.5	97	八宿南	4¾	*	*	*
71	1956 年 5 月 23 日	28.6	96	墨脱东南	4¾	*	*	*
72	1959 年 6 月 3 日	30.5	99.5	四川义敦附近	4.7	*	*	4
73	1959 年 12 月 5 日	29.5	97.5	八宿东南	4¾	*	*	*
74	1960 年 2 月 19 日	29.5	97.4	左贡西南	5	*	*	3
75	1960 年 5 月 3 日	29.8	99.6	四川巴塘东南	5.4	*	*	2
76	1960 年 9 月 2 日	28.9	98.5	芒康东南	5½	33	*	2
77	1961 年 6 月 27 日	28	99.9	云南中甸东北	5.4	33	*	*
78	1961 年 11 月 12 日	28.3	99	云南德钦附近	4¾	*	*	5
79	1961 年 11 月 26 日	29.5	97	八宿南	4¾	*	*	5

序号	地震时间	地震震中位置			震级	震源深度 /km	地震震中烈度	精度
		北纬/(°)	东经/(°)	参考地点				
80	1962年3月25日	28.2	96.1	察隅西南	4¾	25	*	*
81	1962年10月18日	28.5	97.4	察隅附近	4¾	70	*	2
82	1962年10月19日	30.6	97.3	察雅西	4.9	29	*	*
83	1964年1月7日	30.1	98.8	芒康西北	4.8	50	*	2
84	1965年10月6日	29.1	96.2	墨脱东南	4.9	41	*	*
85	1966年3月8日	29.2	98.6	芒康东南	4¾	*	*	*
86	1973年2月7日	31.7	100	四川炉霍附近	4.8	*	*	2
87	1973年2月16日	31.9	100	四川甘孜北	4.8	20	*	2
88	1973年3月24日	31.9	100	四川甘孜北	5.5	20	(Ⅶ)	1
89	1973年9月9日	31.62	99.87	四川甘孜附近	5.8	32	Ⅵ＋	1
90	1973年9月9日	31.7	100	四川甘孜	5.0	15	*	*
91	1974年6月5日	29.4	99.6	四川巴塘东南	5.2	10	*	1
92	1974年6月15日	31.6	99.9	四川甘孜附近	5.0	13	*	1
93	1977年12月23日	28.5	96.1	察隅西	4.7	33	*	*
94	1979年11月6日	30.57	99.33	四川巴塘东北	5.0	*	*	1
95	1980年1月13日	28.96	97.86	察隅东北	4.7	15	*	3
96	1982年6月16日	31.87	99.75	四川甘孜西北	6.0	15	Ⅶ	2
97	1984年1月20日	28.73	96.38	察隅西	4.8	13	*	*
98	1984年1月22日	30.31	96.64	昌都西南	5.1	15	*	*
99	1985年5月30日	30.94	98.26	贡觉附近	4.7	33	*	1
100	1986年2月6日	29.8	98.6	芒康附近	5.0	9	Ⅵ	1
101	1988年9月3日	29.99	97.39	八宿东	5.0	30	*	1
102	1989年4月16日	29.92	99.2	四川巴塘东南	6.6	12	Ⅷ	1
103	1989年4月25日	30	99.37	四川巴塘东	6.6	7	Ⅷ	1
104	1989年5月1日	30.04	99.47	四川巴塘东	5.2	32	*	1
105	1989年5月3日	30.11	99.54	四川巴塘东	6.3	14	*	1
106	1989年5月3日	30.01	99.47	四川巴塘东	4.7	10	*	1
107	1989年5月3日	30.07	99.55	四川巴塘东	6.3	7	*	1
108	1989年5月4日	30.07	99.45	四川巴塘东	5.1	10	*	1
109	1989年5月4日	30.03	99.52	四川巴塘东	4.8	11	*	1
110	1989年5月19日	30.05	99.57	四川巴塘东	4.8	32	*	1
111	1989年5月29日	29.99	99.53	四川巴塘东	4.8	32	*	1
112	1989年7月21日	29.99	99.49	四川巴塘东	5.9	13	*	1
113	1989年8月5日	30.13	99.64	四川巴塘东北	4.7	14	*	1

续表

序号	地震时间	地震震中位置			震级	震源深度/km	地震震中烈度	精度
		北纬/(°)	东经/(°)	参考地点				
114	1989 年 9 月 24 日	29.84	98.97	四川巴塘南	4.8	15	*	1
115	1990 年 4 月 9 日	30.04	99.35	四川巴塘东	5.0	8	*	1
116	1990 年 8 月 19 日	29.95	99.18	四川巴塘附近	4.8	15	*	1
117	1993 年 5 月 24 日	31.75	98.63	四川德格	4.7	11	*	*
118	1993 年 10 月 19 日	30.03	98.27	芒康	4.8	28	*	*
119	1996 年 12 月 21 日	30.57	99.52	四川白玉	5.6	10	*	*
120	1996 年 12 月 21 日	30.56	99.51	四川白玉	5.6	10	*	*
121	1997 年 5 月 16 日	30.37	97.02	八宿	5.3	25	*	*
122	1997 年 8 月 9 日	30.38	97.02	八宿	5.2	15	*	*
123	1997 年 11 月 8 日	30.3	97.02	八宿	5.0	32	*	*
124	1999 年 2 月 3 日	28.81	96.04	察隅	5.0	112	*	*
125	1999 年 6 月 1 日	29.02	98.62	盐井	4.7	51	*	*
126	2000 年 10 月 9 日	30.5	98.03	察雅	5.0	33	*	*
127	2002 年 8 月 8 日	30.84	99.83	四川新龙	5.4	29	*	*
128	2002 年 11 月 25 日	30.9	99.82	四川新龙	4.8	30	*	*
129	2006 年 6 月 4 日	30.73	99.01	四川白玉	4.8	42	*	*
130	2007 年 5 月 7 日	31.39	97.7	昌都	5.6	32	*	*
131	2013 年 1 月 18 日	30.95	99.4	四川白玉	5.5	15	Ⅶ	*
132	2013 年 8 月 12 日	30.04	97.96	左贡	6.1	15	Ⅷ	*
133	2013 年 8 月 12 日	30.06	97.91	左贡	4.9	15	*	*
134	2013 年 8 月 12 日	30.06	97.91	左贡	5.1	15	*	*
135	2013 年 8 月 12 日	30.08	97.93	左贡	4.8	6	*	*
136	2013 年 8 月 28 日	28.2	99.33	四川得荣、云南德钦交界	5.2	9	*	*
137	2013 年 8 月 31 日	28.15	99.35	云南德钦、四川得荣交界	5.9	10	Ⅷ	*
138	2013 年 8 月 31 日	28.2	99.45	云南德钦、四川得荣交界	4.7	10	*	*
139	2016 年 3 月 10 日	30.31	99.8	四川理塘	4.8	10	*	*
140	2016 年 7 月 17 日	30.21	98.37	察雅	4.8	9	*	*
141	2016 年 9 月 23 日	30.1	99.61	四川理塘	5.1	16	Ⅵ	*

注　1. 破坏性地震震中定位精度（1970 年前）：1 类，误差≤10km；2 类，误差≤25km；3 类，误差≤50km；4 类，误差≤100km；5 类，误差＞100km。

2. 地震台网震中精度（1970 年后）：1 类，误差≤5km；2 类，误差≤15km；3 类，误差≤30km；4 类，误差＞30km。

3. "＊"表示缺乏资料。

表 2.5－2 区域各震级档次的破坏性地震频次分布一览表

资料时段	1128 年至 2017 年 12 月				
震级分档	8.0～8.9	7.0～7.9	6.0～6.9	5.0～5.9	4.7～4.9
地震频次	1	1	22	74	44

区域内 1970—2017 年共记录到 $M=1.0～4.6$ 级小震 18960 次，其中，区域内的中小地震活动绝大多数为 1.0～2.9 级的微震。

2.5.2 区域地震活动的空间分布

区域地震活动具有明显的分区特点，并与活动断裂分布有着密切的联系：在区域西南缘的察隅—墨脱一带，曾发生过 1950 年 8.6 级巨震以及多次 4.7～6.9 级中强地震；在区域东部的理塘—巴塘一带，曾发生过 1870 年 7¼ 级大震以及多次 4.7～6.9 级中强地震；在区域东北缘的甘孜附近，曾发生过多次中强地震；在区域中部的昌都—察雅—芒康—德钦一带，中强地震成带展布。这与区域内的察隅断裂、墨脱断裂、理塘断裂、巴塘断裂、甘孜—玉树断裂、澜沧江断裂等断裂活动有关。

近代中小地震的空间分布并不均匀，其中绝大多数中小地震密集带（区）的空间分布图像与区域主要活动断裂的展布格局相近，表明活动构造对近代中小地震活动亦有重要的控制作用。在区域东北缘的甘孜附近、区域东部的理塘—巴塘附近、区域东南缘的德钦—德荣附近、区域西部的八宿附近，近代中小地震密集成团、成带分布。

综上所述，区域强震、中小地震活动在空间分布上有明显的不均匀性，其分布格局与区域性断裂构造有十分密切的关系，强震的主要活动场所是活动断块的边界、活动断裂的交汇部位和新构造运动十分强烈的地区。因此，地震活动空间分布格局的差异，显示为不同地区断裂运动方式和运动强度的差异。

2.5.2.1 地震震源深度分布

在区域范围内，共检索到 $M \geqslant 4.7$ 级地震（震源深度）63 次，表 2.5－3 给出了中强地震震源深度不同层位分布数据的统计结果，从表中可见，半数以上的 $M \geqslant 4.7$ 级地震震源深度在地下 11～20km 范围内，约 60% 的 $M \geqslant 4.7$ 级地震震源深度集中分布在地下 6～25km 层位内，超过 1/3 的地震位于 26km 以下层位。

表 2.5－3 区域部分破坏性地震（$M \geqslant 4.7$）震源深度分布一览表

地震震源深度/km	1～5	6～10	11～15	16～20	21～25	26～30	>30
地震次数	0	15	19	4	2	5	18
占总数的百分比/%	0	23.81	30.16	6.35	3.17	7.94	28.57

在东经 98°～99° 和北纬 29°～30° 附近，地震震源深度分布较深，最深可达 50km 左右，地表分别对应于巴塘、芒康—德钦等地；其余地区地震震源深度多在 6～25km 之间，优势分布层位在 10～20km 之间。

2.5.2.2 近代中小地震的震源深度分布

在区域范围内，共检索到 $M=1.0～4.6$ 级近代中小地震（震源深度）9339 次。表

2.5-4 给出了近代中小地震震源深度不同层位分布数据的统计结果。

表 2.5-4　　区域部分近代中小地震（$M=1.0\sim4.6$）震源深度分布一览表

地震震源深度/km	1~5	6~10	11~15	16~20	21~25	26~30	>30
地震次数	2742	4150	1805	524	67	35	16
占总数的百分比/%	29.36	44.44	19.33	5.61	0.72	0.37	0.17

由表 2.5-4 可见，近代中小地震震源深度的优势分布层位处于地下 1~10km 范围内，而地下 1~15km 的层位中更是包括了约 93% 的近代中小地震活动，20km 以下中小地震分布锐减。

综上可见，区域强震、中小地震震源深度的优势分布层位是有明显差异的，$M\geqslant4.7$ 级地震震源深度的优势分布层较之近代中小地震震源深度的优势分布层更深一些，但都属于浅源地震的震源深度分布范围。

2.5.3　历史地震影响

自有史料记载以来，区域内曾发生过多次中强破坏性地震。这些地震对区域造成了不同程度的影响和破坏。其中，影响较大的主要有 1722 年巴塘一带 6.0 级地震，1870 年 4 月 11 日巴塘 7¼ 级地震，1923 年 10 月 20 日巴塘附近 6½ 级地震，1948 年 5 月 25 日理塘 7¼ 级地震，1950 年 8 月 15 日察隅 8.6 级地震，1951 年 3 月 17 日昌都附近 6 级地震，1989 年 4 月 16 日、25 日在巴塘县城东南的小坝村发生的 6.6 级、6.6 级震群型地震，以及 2013 年 8 月 12 日在左贡县、芒康县交界的 6.1 级地震。

分析历史地震对梯级电站工程场地的影响是区域地震活动性研究的重要内容，也是地震安全性评价的重要组成部分。研究区历史上遭受过多次强烈地震，对各梯级产生了一定的、不同程度的影响。为了解区域破坏性地震对梯级水电站影响烈度，首先通过宏观判读已有的如 1950 年 8.6 级察隅地震、1870 年巴塘 7¼ 级地震及 2013 年左贡 6.1 级地震，采用地震烈度图综合烈度图分析；对于没有等烈度线或等烈度线不齐全的地震，则利用《中国地震烈度区划图（1990）》西部衰减关系折合的平均轴衰减关系：

$$I=4.493+1.454M-1.729\ln(D+16)$$

式中，I 为地震烈度，M 为震级，D 为震中距（km）。以坝址为基点计算历史强震对各坝址所产生的影响烈度值，然后再综合判断其影响烈度。通过综合判断显示：1950 年察隅地震及 1951 年昌都地震，对澜沧江上游规划梯级水电站影响最大，其影响烈度分别为 Ⅶ~Ⅷ度。

2.6　区域地震构造环境

青藏高原是冈瓦纳古陆与劳亚古陆碰撞的产物，历经了新元古代—志留纪（Pt_3-S）原特提斯洋裂开，以及泥盆纪—中三叠世（$D-T_2$）古特提斯洋发育、闭合等复杂的构造变形过程，大致沿班公湖—怒江结合带一线形成不同陆块拼合的复杂造山系，从而留下了数条规模宏大的巨型东西向深大断裂带。新生代以来，伴随着印度板块持续的向北推挤作用，新特提斯洋闭合，青藏高原逐渐崛起，现今平均海拔达 4000m 以上，构成了世界第三极。

印度板块向北对欧亚大陆的低角度插入作用，不仅导致了青藏高原的快速隆升，而且还形成了厚度达 60～70km 的巨厚地壳。晚新生代以来，受近南北向挤压和隆升作用的影响，在重力势的作用下，于青藏高原中部地区形成了数条近南北向巨大裂谷。而研究区所处的青藏高原东部地区，地壳的流变作用产生了强大的向东方向的推挤力，导致大型弧形断裂系发生了大规模水平剪切运动，如北北西、北西或北西西走向的甘孜—玉树断裂、理塘断裂、澜沧江断裂等的左旋走滑运动，阿帕龙断裂、嘉黎断裂、德钦—中甸—大具断裂等的右旋走滑运动；而近南北走向的金沙江断裂等主要表现近东西向的水平压缩，仅在断层走向转为北北西或北北东时，才表现出一定的水平走滑运动特征，如澜沧江断裂北段的左旋走滑及南段的右旋走滑等。

青藏高原东部地区晚新生代以来这一基本构造变形样式，导致研究区内的断裂表现出不同程度的第四纪活动性，甚至晚更新世—全新世的强烈活动以及强烈的地震活动。有史料记载以来，在东经 $96°00'$～$100°00'$、北纬 $28°00'$～$32°00'$ 的区域内，1128—2017 年的近 900 年中，共记录到 $M≥4.7$ 级地震 142 次，其中 8.6 级 1 次，7.0～7.9 级 1 次，6.0～6.9 级 22 次，5.0～5.9 级 74 次，4.7～4.9 级 44 次；1970—2017 年，区域范围内共记录到 $M=1.0$～4.6 级中小地震 18960 次。$M≥4.7$ 级地震震源深度的优势分布层较之近代中小地震震源深度优势分布层更深一些，中强地震震源深度的优势分布层位在 10～20km 之间，近代中小地震震源深度的优势分布层位处于地下 1～10km 范围内，都属于浅源地震的震源深度分布范围，最大地震影响烈度达Ⅶ～Ⅷ度。$M≥4.7$ 级地震多沿这些活动构造密集丛生，形成了察隅—墨脱、理塘—巴塘等强震活动密集区。区域内近代中小地震活动具有两个突出的特点：一是近代中小地震活动的空间分布具有明显的非均匀性；二是绝大多数中小地震均沿断裂带丛生，显示出活动断裂对中小地震的空间分布具有重要的控制作用。因此，研究区主要断裂的活动性及其最大可能潜在地震能力，对澜沧江梯级水电站工程将产生一定的影响。

第 3 章

澜沧江断裂带构造特征及活动性

3.1 澜沧江断裂带展布与组成

澜沧江断裂带是研究区中最为重要的断裂带。长期以来，对澜沧江断裂带的内部组成及结构认识混乱，有些甚至把昌都一带中新生代盆地中沿澜沧江分布的断裂称为澜沧江断裂，实际上偏离澜沧江断裂很远。

针对结构复杂的澜沧江断裂带，结合青藏高原地质调查最新成果及本研究调研资料，首次厘定了研究区澜沧江断裂带的几何分布。澜沧江断裂带由东支、中支及西支断裂组成。西支为察浪卡断裂（图 2.4 - 1，F_9），即北澜沧江结合带西边界断裂；中支为加卡断裂（图 2.4 - 1，F_{10}），即北澜沧江结合带东边界断裂；东支为澜沧江断裂（图 2.4 - 1，F_{11}），即竹卡陆源岩浆弧与前陆盆地的分界断裂。由于东支断裂对竹卡火山岩具有控制作用且通过芒康县如美镇竹卡村，因此，澜沧江断裂又称竹卡断裂，二者具有相同含义。三条断裂由西向东逆冲推覆，构成向西～南西陡倾叠瓦构造，且常常形成分支复合现象，在察雅县主松洼以北段，察浪卡、加卡断裂复合，在碧土南，三条分支断裂复合为一条断裂。

综上所述，澜沧江断裂带指上述三条断裂的总称，而澜沧江断裂则仅指东支断裂，即澜沧江断裂（竹卡断裂）。

澜沧江断裂带规模巨大，是青藏高原一条区域性深大断裂带，北起查日错、类乌齐，经察雅县吉塘镇、芒康县竹卡、曲孜卡，梅里雪山东坡、兰坪营盘，南自滇西景洪橄榄坝之东国境线一带，长达 1800km 以上。区域上，澜沧江断裂带大致可以分为三大段：查日错—察雅为北段，长度约 600km，总体走向北西西，向南南西陡倾；察雅—凤庆北为中段，长度约 800km，总体走向北北西～近南北向，向西陡倾；凤庆以南为南段，长度约 400km，总体走向近南北向，向西陡倾。本研究仅涉及北段和中段昌都—盐井地段，长度约 400km。

3.2 西支断裂——察浪卡断裂

3.2.1 断裂展布特征

澜沧江结合带是羌塘—三江造山带西缘的一条次级板块结合带，也是一条规模巨大的俯冲—碰撞造山带。在地质上，北部走向近东西展布，称乌兰乌拉湖—类乌齐结合带；类乌齐—碧土段称北澜沧江结合带，走向北西。

澜沧江结合带西边界断裂又称察浪卡断裂（图 2.4 - 1，F_9），北起乌兰乌拉湖、类乌齐，经左贡沙溢、芒康扎玉，向南在碧土与怒江断裂带（结合带）复合，在研究区内长约 340km。断裂舒缓波状展布，总体走向北西～南东，向南西陡倾。断裂两盘之沉积建造、火山活动、变质变形等存在明显差异：断裂南西盘为吉塘岩群（$Pt_{1-2}J$）、酉西群（Pt_3Y）及大规模的晚三叠世侵入体；北东盘为卡贡岩组（C_1k）深水相复理石沉积建造，具一定的构造混杂现象。

3.2.2　断裂活动性

在澜沧江结合带西边界登巴村以西 1km 左右，察浪卡断裂上（西）盘为印支期灰色片麻状粗粒花岗岩，下盘为下石炭统卡贡组（C_1k）构造混杂岩（原岩为变质砂岩、千枚岩、板岩夹大理岩等）。断裂带附近的花岗岩中发育次级断层（图 3.2－1）。断层走向为 N10°W，倾向北东，倾角 78°。断层破碎带宽约 1m，发育厚约 1cm 的断层泥化碎粉岩及 3～10cm 厚的碎斑岩；断层面光滑平整，局部见擦痕，指示为逆断层。

图 3.2－1　澜沧江结合带西边界察浪卡断裂上盘花岗岩中次级断层
a 图示断层破碎带及密集节理；b 图示弱片麻状粗粒花岗岩；c 图示泥化碎粉岩

该点断层泥石英形貌中不发育浅侵蚀类型的贝壳及次贝壳石英；中-强侵蚀类型的橘皮状石英 37.6%，鳞片、苔藓状石英 43.7%，钟乳状、虫蛀状石英 18.7%；未见强烈的锅穴、珊瑚状等石英（图 3.2－2），以中-深侵蚀石英为主（橘皮状、鳞片状），反映较老的活动特征（图 3.2－3）。结合地形地貌、断层岩、石英形貌及地震安评资料等综合分析，察浪卡断裂在近场区主要活动时代为早-中更新世，晚更新世以来不具活动性。

在荣喜村附近的阿总河左岸，断裂发育于燕山期花岗岩中，断裂走向为 N30°W，倾向北东，倾角 50°，断层破碎带宽约 15m，主要由角砾岩、劈理带组成，断层泥钙质胶结，断层面擦痕清晰，擦痕侧伏角近 50°，显示为右行走滑逆断层。

（a）苔藓状石英　　　　　　　　　　　　　　　（b）橘皮状石英

图 3.2－2　澜沧江结合带西边界察浪卡次级断层石英形貌特征

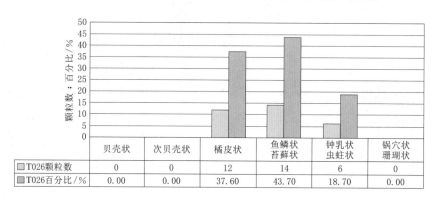

	贝壳状	次贝壳状	橘皮状	鱼鳞状 苔藓状	钟乳状 虫蛀状	锅穴状 珊瑚状
T026颗粒数	0	0	12	14	6	0
T026百分比/%	0.00	0.00	37.60	43.70	18.70	0.00

图 3.2－3　察浪卡（次级）断裂石英形貌类型分布直方图

　　在楼底巴村南侧阿总河左岸，见次级断层发育于燕山期花岗岩中（图 3.2－4），断层走向为 N24°W，倾向北东，倾角 55°，断层破碎带宽约 15m，该断层将一石英脉条带错开近 2.5m。

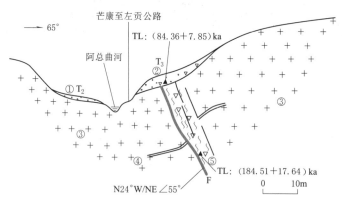

图 3.2－4　楼底巴村南侧阿总河左岸察浪卡断裂次级断层剖面（云南省地震局，2009）
①—二级阶地砾石层；②—三级阶地砾石层；③—花岗岩；④—石英脉；⑤—断层破碎带；
T₂—二级阶地；T₃—三级阶地

断层上覆地层为三级阶地的冲积物，河漫滩相沙质经热释光（TL）测定年龄值为（84.36±7.85）ka，未被切穿，也说明察浪卡断裂在晚更新世以来活动迹象不明显。

在左贡沙溢村察浪卡断裂附近上盘下石炭统卡贡岩组（C_1k）中发现断裂具有多期活动迹象，早期为韧性变形，糜棱面理倾向235°，倾角85°，后期为脆性断层叠加，断层面附近糜棱面理发生牵引变形；断层下盘糜棱面理产状与上盘一致，但变形相对上盘更强，表现为糜棱面理的错切和膝折。后期脆性断层N88°W/SW∠41°，断层破碎带宽数米，发育构造角砾岩及数厘米厚的胶结较好的浅灰白色断层泥（图3.2-5）。

（a）断层带特征　　　　　　　　　　（b）糜棱面理后期脆韧性变形

图 3.2-5　澜沧江结合带西界察浪卡断裂（F_9）露头剖面图

对断层带内碎粉岩进行石英形貌扫描，其类型主要表现为以橘皮状、鳞片状、苔藓状的中更新世形貌。断层电子自旋共振（ESR）测年为（148.1±12.7）ka，说明其为中更新世断层。

综上所述，通过地质、地貌、变形、断层岩性状及测年等资料综合分析判断认为，察浪卡断裂不具活动性，其主要依据有：①无断错地貌标志，断裂带通过处未发现错断阶地、冲洪积台地、河（沟）谷积山脊等现象；②第四系地层中未发现褶皱、断裂等活动构造现象；③断裂通过处，未见切割阶地和第四系堆积物，而是被其覆盖；④断层带中断层岩以角砾岩、碎斑岩、碎粉岩为主，无明显的断层泥分布；⑤断裂及其附近无明显呈串、呈丛的地震活动分布，沿断裂也无明显的地热异常显示；⑥断层岩测年及石英形貌形态也反映其晚更新世以来无活动性。

3.3　中支断裂——加卡断裂

3.3.1　断裂展布特征

澜沧江断裂带中支为澜沧江结合带东界断裂，又称加卡断裂（图2.4-1，F_{10}）。在类乌齐一带与西界察浪卡断裂相交。向南，在昌都若巴乡—吉塘镇一线与竹卡断裂汇合，再向南经左贡县格溢乡、芒康县登巴乡，在研究区内长约190km。断裂总体走向北东～南西，向南东陡倾。断裂南东盘为具构造混杂现象的、深水相复理石沉积建造的卡贡岩组（C_1k），北西盘为竹卡火山弧的东坝组（P_2d）、沙龙组（$P_3\hat{s}l$）、竹卡群（$T_{2-3}\hat{z}$）、小定西组（T_3x）及昌都前陆盆地的甲丕拉组（T_3j）、波里拉组（T_3b）、阿堵拉组（T_3a）等。

3.3.2　断裂活动性

断层下盘为古近系贡觉组（Eg）紫红色中厚层砾岩、含砾砂岩，产状为 N15°W/NE∠66°，发育密集节理 N80°E/NW∠72°；断层上盘为下石炭统卡贡组（C_1k）灰白色中薄层砂岩夹泥岩，岩层陡倾，下石炭统卡贡组逆冲到古近系贡觉组之上，断层变形强烈，内部发育多条次级断层。主断层与次级断层产状相似，代表性产状为 N30°W/SW∠70°。部分次级断层向北东陡倾构成对冲样式。断层岩以脆性岩为主，构造透镜体、碎斑岩、碎粉岩发育，断层泥不发育。上覆第四系崩坡积物未遭受构造变形，从构造岩性状可以判断其不具活动性。剖面见图 3.3 - 1。

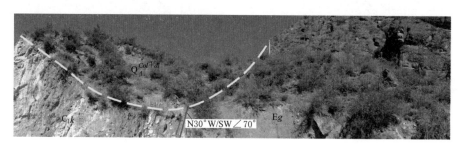

图 3.3 - 1　加卡断裂（F_{10}）剖面图（登巴村东 318 国道）

Q_4^{col+dl}—全新世崩坡积；Eg—古近系贡觉组；C_1k—石炭系卡贡岩组

上述观察点断层石英形貌较为简单，未见贝壳状石英、次贝壳状石英；橘皮状石英约占 34.5%；鳞片、苔藓状石英约占 51.7%；钟乳状、虫蚀状石英约占 13.8%；未见锅穴状、珊瑚状石英。说明以中-深侵蚀石英为主（橘皮状、鳞片状），反映早更新世活动特征，中更新世以来不具活动性。

在登巴村东 2km 左右 318 国道旁观测点（T022）见加卡断裂次级断层发育于上二叠统沙龙组（$P_3\hat{s}l$）地层内部（图 3.3 - 2），断层下盘为灰绿色玄武安山岩，上盘为灰黑色砂板岩，产状 N30°W/NE∠70°，二者呈断层接触。断层破碎带约 50cm，内部发育断层面产状为 N30°W/SW∠70°，断层面见擦痕，侧伏向 W48°，指示断层为斜向逆冲。

在 T022 断层面上采集石英样品，对样品形貌进行测试，发现其中不发育浅侵蚀类型的贝壳及次贝壳石英；中-强侵蚀类型的橘皮状石英约占 29.2%；鳞片、苔藓状石英约占 70.8%；未见钟乳状、虫蚀状、锅穴状、珊瑚状石英。说明以中-深侵蚀石英为主（橘皮状、鳞片状），反映较老的活动特征。

在登巴村附近见断层发育于石炭系白云质灰岩中，产状为 N15°W/NE∠70°，倾角破碎带宽约 20m，主要由角砾岩、片理化带及碎裂岩组成。上覆晚更新统—全新统棕黄色残积层未见构造变形，其热释光（TL）年龄值为（142.26±13.38）ka，表明断层活动主要发生在中更新世中早期以前。

在登巴村东侧约 2km 处见断层发育于三叠系厚层状砂岩中，断层产状为 N15°W/SW∠75°，破碎带宽约 25m，主要由角砾岩、陡立带及断层泥组成，断层泥为灰黄色，厚 0.5～2cm，

图 3.3 - 2　加卡断裂次级断层露头特征（318 国道旁）

已钙化胶结为块状。上覆的坡积碎石块石层未见构造变形，表明断层晚更新世活动迹象不明显。

综上所述，研究区澜沧江结合带东边界断裂不具活动性，不属于活动断裂，主要表现在：①不发育地貌断错现象，断裂带通过处不存在差异性活动；②断裂带上覆第四系未见褶皱、断裂等构造变形现象；③断层岩固结较好，不发育新鲜断层泥；④断裂带内石英形貌简单，未见贝壳状石英，次贝壳石英较少、主要为强烈侵蚀石英；⑤断层物质测年大部分老于 120ka。

3.4　东支断裂——澜沧江断裂

3.4.1　澜沧江（竹卡）断裂几何学特征

研究区位处区域澜沧江断裂中段北部，即传统意义上的北澜沧江断裂。在研究区，通过地形地貌、露头观察及工程平洞、钻孔探测等，很好地控制了澜沧江断裂展布及变形特征。

断裂在研究区展布于盐井—绒曲河口—色汝—吉塘镇—昌都若巴乡如意村一线。控制长度约 380km，总体走向北北西～北西，向南西～西陡倾，倾角 60°～70°，局部达 80°，甚至反倾。实际上，澜沧江（竹卡）断裂无论是走向还是倾向都呈舒缓波状展布，如曲孜卡段，由近南北向转为北东向（长度约 6km）。

澜沧江断裂常被北西西（北西）向断裂及北东向断裂切割错移。如在芒康县小昌都村被北东向小昌都断裂右行错移；在左贡县被北西西向色木雄断裂左行错移；在昌都，被北西西向郭庆—谢坝断裂左行错移。郭庆—谢坝断裂规模较大，活动性较强，构成了澜沧江断裂分段的边界断裂。除上述较大的北西、北东向晚期平移断裂外，较小的平移断层也常见，如研究区南端古盐田一带，澜沧江断裂在澜沧江右岸加达村一带，断裂上盘为中-晚三叠系竹卡火山岩（$T_{2-3}\hat{z}$）及印支期花岗闪长岩（$\gamma\delta T_3$），下盘为中侏罗统东大桥组（J_2d）紫红色砂泥岩，断裂总体走向北东，向北西陡倾，在地表形成明显的红/白分界线。盐井一带，还发育数条北东、北西向规模不大的横向（垂直于澜沧江）断裂，分别将澜沧江断裂右行、左行错移，错移距离达数十米（图 3.4 - 1）。

图 3.4 - 1 澜沧江断裂展布图（加达村）

J_2d—东大桥组；$T_{2-3}\hat{z}$—竹卡组；$\gamma\delta T_3$—花岗闪长岩

澜沧江断裂部分地段断裂破碎带及影响带宽数米至数十米，明显破碎带常发生构造蚀变（围岩蚀变，如绒曲河口）。

澜沧江断裂两盘地层、岩性较复杂，上（西）盘主要是岛弧火山岩（竹卡火山岩）、侵入岩、混杂岩等，下（东）盘主要是侏罗系—白垩系前陆盆地的砂岩、泥岩、碳酸盐等，部分地段为上三叠统沉积岩。

澜沧江断裂经历过不同性质、不同期次、不同构造层次变形，其构造（断层）岩较复杂，如糜棱系列断层岩与脆性系列断层岩均可见及，但由于后期的构造变形或脆性断裂叠加，糜棱岩大部分破坏殆尽，仅有少数得到保留。绒曲河口澜沧江断裂最为典型。韧性剪切带（断裂）是深构造层次的变形，岩石在塑性状态下发生连续变形的狭窄高剪切应变带。一般不出现破裂或不连续面，带内变形和两盘位移完全由岩石的塑性流动或晶内变形来完成，并遵循不同的塑性或黏性蠕变定律。因此，韧性剪切带具有"变而未破、错而似连"的特点。绒曲河澜沧江断裂早期的韧性剪切带形成于印支晚期。其岩性为糜棱岩，糜棱面理，碎斑含量约为 30%～60%，碎斑粒度较细，粒径 0.1～1mm，外观呈眼球状（图 3.4 - 2）；平洞中观察到几乎全为眼球状糜棱岩，堆巴沟口韧性剪切带宽达数百米，长石、石英碎斑剪切、旋转变形定向平行排列呈眼球状。显微镜下岩石具有典型的糜棱结构（图 3.4 - 3），碎斑主要为石英，少量为斜长石，碎基为显微晶质结构，碎斑含量40%～50%，斑晶石英多为浑圆—拉长状、眼球状，很多石英受压扁—剪切变形为拔丝状石英，镜下可见波状消光现象；长石可见双晶纹，边缘多蚀变为绢云母，镜下可见 σ 型旋转碎斑、"曲颈瓶"构造、书斜构造、云母鱼构造等，据此可判断韧性剪切带的运动方向以逆冲兼右行走滑。该区韧性剪切带原岩基本上为英安岩（竹卡火山岩），其糜棱岩为英安质糜棱岩，代表早期澜沧江断裂韧性推覆残迹。糜棱岩为韧性系列构造（断层）岩，完全不同于脆性系列断层岩，前者经过糜棱岩化作用之后，对工程影响不大。

平洞内　　　　　　　　　　　　　　　　　堆巴沟口

图 3.4-2　澜沧江断裂早韧性剪切带（眼球状糜棱岩）

 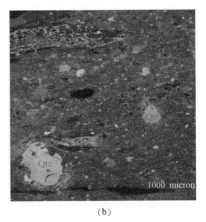

（a）　　　　　　　　　　　　　　　　　（b）

图 3.4-3　澜沧江断裂韧性剪切变形（镜下照片，英安质糜棱岩）

Opa—不透明矿物；Qtz—石英；Pl—长石

　　澜沧江断裂带的每一条主干断裂均不是一条单一的断裂，由次级甚至更次一级组成断裂破碎带，有的还构成"人"字形分支（图 3.4-4），如绒曲河口澜沧江断裂的"人"字形分支。除竹卡断裂主断裂带外，在绒曲河口还发育一条分支断裂 Fz_{01}。钻孔及地表观察表明，绒曲河口构造比较复杂。有观点提出可能存在一条沿绒曲河展布的北东方向切割竹卡断裂的晚期断裂带。工程及地表调查表明，绒曲河口以南确实存在断层构造及挤压破碎带。据相关研究，假如北段存在断层，其可能的展布如图 3.4-5 所示：F-1 沿绒曲河口至拉乌乡展布；F-2 沿绒曲河口、萨布乌工沟口、邦萨岗一线展布；F-3 沿萨布乌工至达日展布。

　　新近系拉乌拉组地层连续，未发现断层，排除了 F-1 的存在。在萨布乌工沟口山嘴（图 3.4-6），下白垩统景星组（K_1j）地层连续，无断层迹象，排除了 F-2 的存在。

图 3.4－4　绒曲河口澜沧江断裂带"入"字形分支 Fz_{01} 展布地质图

$T_{2-3}\hat{z}$—竹卡组

顺萨布乌工河谷追索，下白垩统景星组（K_1j）露头完好、地层连续，无断层迹象，排除了 F-3 的存在。

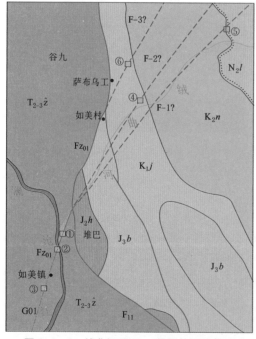

图 3.4－5　绒曲河口 Fz_{01} 断层的可能模式

F_{11}—澜沧江断裂主断裂；Fz_{01}—澜沧江断裂分支断层；

G01—分支断层消失段挤压破碎带；

F-1？／F-2？／F-3？—推测可能存在的断层；

①～⑥—观察段（点）

绒曲河口向南西，该断裂断续出露于堆巴沟口右岸山坡上（图 3.4－7），变形带带宽十余米，长数十米，破劈理向北东东倾斜，倾角50°左右。糜棱质英安岩中构造透镜体、破劈理密集发育，风化、蚀变强烈，主要为绢云母化、碳酸盐化、高岭土化，宏观表现为浅色（灰—浅灰色）挤压破碎带。在澜沧江右岸，挤压破碎带变化为破劈理带（图 3.4－8）。再向南西，在如美镇北侧山坡，发育宽数米、长数十米的挤压破碎带，该破碎带沿花岗岩脉发育，见构造透镜体、破劈理角砾岩，由于蚀变、后期物理和化学风化作用而形成浅色（灰—浅灰色）破碎带。继续向南西追索，破碎带未穿过料场沟，于如美镇北侧山坡终止消失，总长度约 2.5km。

上述调查说明，绒曲河中上游不存在切割竹卡断裂的晚期断层。

图 3.4－6　萨布乌工地层展布（无断层迹象）

图 3.4－7　堆巴沟口挤压破碎带（G01）

图 3.4－8　堆巴沟口澜沧江右岸挤压破碎带

3.4.2　澜沧江断裂构造演化

澜沧江断裂具有长期复杂的演化历史。大致表现为以下四个时期：

（1）印支运动中－晚期。随澜沧江洋盆俯冲—关闭，形成了中－晚三叠世包括侵入岩（花岗岩为主）、火山岩（英安岩为主）的竹卡（岛）弧。

（2）印支运动晚期。澜沧江结合带及竹卡断裂开始形成，控制了昌都—思茅盆地演化，结合带边界及竹卡断裂主要表现为由西向东韧性剪切（推覆），堆巴沟等地的糜棱岩便是其代表。

（3）喜山运动早－中期。随着新特提斯洋关闭，印度板块与欧亚板块发生碰撞和推挤，使青藏高原产生强烈褶皱隆起、冲断，竹卡断裂产生脆性叠加。该时期岩浆活动也较明显，如粗面岩（如新近系拉乌拉组）及辉绿岩脉（岩墙群）、煌斑岩（脉）等，在岩浆—构造热液作用下，沿早期断层破碎带产生蚀变（绒曲河沿竹卡断裂的绢云母化、硅化、碳酸盐化等）。

（4）喜山运动晚期。受印度板块与欧亚板块陆内变形影响，竹卡断裂产生走滑活动叠加，其走滑较复杂，局部既有左行也有右行，但以右行为主。除走滑运动外，新构造期竹卡断裂还有正断叠加。

3.4.3　澜沧江断裂分段与活动性

一条规模较大的断裂（带）通常由活动性质具有明显差异的若干段落组成，即活动断裂的分段。活动断裂分段研究具有重要意义，其分段方法有直接的与间接的两种。直接方法是在断裂带上直接识别分段界限区而划分段落；间接方法是指通过比较断裂带不同部位的活动习性而确定不同的段落。具体的分段标志通常有古地震、断裂活动习性、断裂几何形态、地貌形态变异、地球物理、地质构造变异等（丁国瑜 等，1993）。

依据断裂几何特征、构造变形、运动（滑移）方向，特别是通过七个重要的观察点（图3.4-9，Ⅰ～Ⅶ）进行详细、深入、反复的遥感解译、野外地质调查、槽探、钻孔揭露及测年等，取得了不同地段澜沧江断裂的活动性证据，结合其他分段标志或依据，对研究区澜沧江断裂的活动性进行分段。综合分析认为，研究区澜沧江断裂可以分为南、北两段，以郭庆—谢坝断裂为边界断裂：断裂以北为北段，断裂以南为南段。北段主要位处昌都地区，因此命名为昌都段；南段主要在芒康地区，因此命名为芒康段。昌都段（北段）北起类乌齐县以北君达附近，向南经昌都若巴乡、吉塘镇，止于谢坝断裂。芒康段北部起于谢坝断裂南，经班达村、如美镇、曲孜卡村，止于云南德钦—大具断裂北。

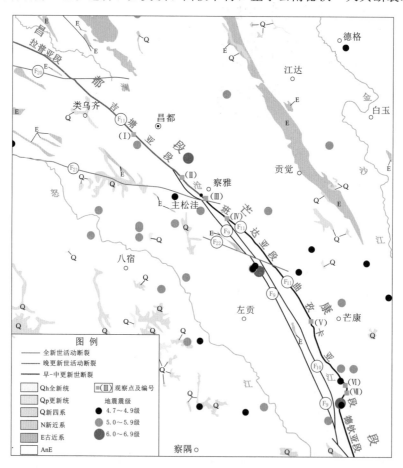

图 3.4-9 澜沧江断裂空间展布及活动性分段

F_9—澜沧江结合带西边界断裂（察浪卡断裂）；F_{10}—澜沧江结合带东边界断裂（加卡断裂）；F_{11}—澜沧江断裂；

F_{20}—类乌齐断裂；F_{21}—郭庆—谢坝断裂；F_{22}—色木断裂；

观察点：（Ⅰ）若巴村；（Ⅱ）吉塘镇；（Ⅲ）主松注；（Ⅳ）班达村（色汝村）；（Ⅴ）绒曲河口；（Ⅵ）扎西央丁；（Ⅶ）曲孜卡乡

澜沧江断裂的北段、南段在不同的分段标志中均存在明显的差异：①几何学方面，北段走向北西转北西西，南段走向北西转北北西；②变形特征方面，北段变形较南段强，北段澜沧江结合带推覆至竹卡火山弧之上（推覆距离相对较大），南段竹卡火山弧推覆至昌都—思茅盆地之上（推覆距离相对较小）；③运动学方面，北段左旋走滑为主，南段逆冲兼右旋运动；④最主要的差异表现在活动性方面，即北段总体为晚更新世活动断裂，吉塘等局部段存在全新世活动迹象，而南段未发现整体活动证据，但在北东向转折部位以及与北东向断裂交汇部位存在晚更新世以来的活动迹象，曲孜卡村等局部存在全新世活动迹象。

除主要分段外，根据局部边界条件，还可分出若干亚段，如北西向类乌齐断裂、北西向郭庆—谢坝全新世活动断裂、北西向色木雄全新世活动断裂及曲孜卡澜沧江断裂产状变化（由北北西转为北东）等，均构成了亚段的边界条件。因此，昌都段分为拉普亚段及吉塘亚段，芒康段进一步细分为班达亚段、曲孜卡亚段及德钦亚段。研究区主要涉及吉塘亚段、班达亚段及曲孜卡亚段。

综上所述，研究区澜沧江断裂活动性分段见图 3.4－9，其分段依据及特征见表 3.4－1。

表 3.4－1　　　　　　　　　　　　　　澜沧江断裂分段标志及分段

	分段名称	北段（昌都段）		南段（芒康段）		
分段标志	分界条件	谢坝断裂分界（谢坝断裂以北）		谢坝断裂分界（谢坝断裂以南）		
		东构造结弧顶西		东构造结弧顶东		
	几何学差异	走向 NW 转 NWW		走向 NW 转 NNW		
	变形特征差异	澜沧江结合带推覆至竹卡火山弧之上（推覆距离相对较大）		竹卡火山弧推覆至昌都—思茅盆地之上（推覆距相对较小）		
	运动学差异	左旋为主		逆冲兼右旋		
	最新活动性特征差异	总体为晚更新世活动断裂，吉塘等局部段存在全新世活动迹象		未发现整体活动证据，但在 NE 向转折部位以及与 NE 向断裂交汇部位存在晚更新世以来的活动迹象，曲孜卡村等局部存在全新世活动迹象		
亚段	亚段名称	拉普亚段	吉塘亚段	班达亚段	曲孜卡亚段	德钦亚段
	边界条件	类乌齐断裂		谢坝断裂　色木雄断裂　盐井 NE 向转折构造		
	活动性差异		总体晚更新世局部全新世	早-中更新世	总体早-中更新世，局部晚更新世—全新世	
	其他	研究区主要涉及吉塘、班达及曲孜卡亚段				

澜沧江断裂上述分段有其重要的构造分界条件。首先，谢坝断裂为一条规模较大的全新世活动断裂，该断裂将澜沧江断裂左行切错为两段；其次，吉塘—昌都一带处于一个特殊的构造部位——东构造结外缘转折部位（图 3.4－10）。由于印度板块与欧亚板块的碰撞形成了青藏高原及喜马拉雅山脉，并在喜马拉雅山脉的东、西两端形成了东、西构造结。东构造结主体位于米林—林芝一带的南迦巴瓦地区，该构造结向北东方向的楔入在地质、地貌上形成向北东方向凸起的"犄角"——南迦巴瓦"犄角"。东构造结影响深远，

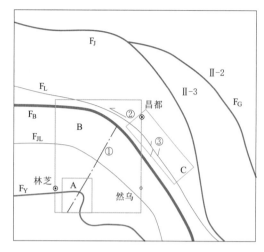

图 3.4 - 10　林芝—昌都地区东构造结示意图

A—小构造结；B—大构造结；C—研究区

①—东构造结弧形构造轴线；②—左行走滑；

③—逆冲右行走滑；F_Y—雅鲁藏布江断裂带；

F_{JL}—嘉黎断裂；F_B—班公—怒江断裂；

F_L—澜沧江断裂；F_J—金沙江断裂；

F_G—甘孜—玉树断裂

八宿—昌都一线为其外缘构造（有学者也称其为大构造结），波密—昌都一线为其轴线（图 3.4 - 10，①），受其影响，研究区产生了明显的构造效应：区域构造形迹（线）改变。早期呈北北西～北西向展布构造线，改变为向北东方向突出的弧形构造；构造运动方式转换。新近纪晚期—第四纪早期，研究区主要断裂总体以逆冲兼右行逆冲为主，受东构造结变形影响，弧形构造西翼，即吉塘—昌都一线以西的断裂由逆冲运动转换为左旋走滑（图 3.4 - 10，②），以南的构造由以逆冲为主兼右行走滑（图 3.4 - 10，③）；产生新的北西～北北西及北东向构造，如郭庆—谢坝断裂、色木雄断裂、巴塘断裂等，前者左行，后者右行，它们大部分具有较强的活动性。上述的构造结及变形特征为澜沧江断裂活动提供了良好的新构造基础。

3.5　澜沧江断裂吉塘亚段活动性

研究区澜沧江断裂吉塘亚段包括了若巴乡、吉塘镇等典型观察地段。

3.5.1　若巴乡露头

若巴村（图 3.4 - 9，观察点 I）一带澜沧江断裂呈北西西～近东西向展布，澜沧江断裂北侧发育一条长 10km 左右的分支断裂，与主断裂夹持岩块构成一透镜体，主、支断裂走向近东西向～北西西向，倾向北～北北东，倾角较陡（70°～80°）。澜沧江断裂上（南）盘左行走滑—逆冲到下（北）盘上三叠统甲丕拉组（$T_3 j$）紫红色砾岩、砂岩、黏土岩夹灰岩、泥灰岩之上。分支断裂上（南）盘甲丕拉组左行走滑—逆冲到下（北）盘上三叠统波里拉组（$T_3 b$）、阿堵拉组（$T_3 a$）、夺盖拉组（$T_3 d$），造成地质界线左行位移。若巴乡一带构造变形强烈，断层破碎带及影响带宽数米至数十米，构造透镜体、破劈理发育，断层岩主要为构造角砾岩、碎粉岩、碎斑岩等［图 3.5 - 1（a）］。

若巴乡一带见有明显的第四纪变形现象——洪积物中发育近东西向脆性破裂构造，主要是节理构造，局部变形较强的地方表现为破劈理。节理面长数十厘米至数米，有的露头发育一组［图 3.5 - 1（b）］，有的露头发育两组［图 5.3 - 1（c）］。由于该地段洪积物未固结、较新鲜，经区域对比，判断其可能为晚更新世堆积（Q_3^{pl}），由此推断若巴乡一带澜沧江断裂具有晚更新世活动性质。在图 3.5 - 1（c）中的露头顶部，破裂似乎影响到了全新世残坡积物（Q_3^{el+dl}）。综上，若巴乡一带澜沧江断裂活动性不排除全新世活动的可能。

（a）基岩断层破碎带

（b）第四系变形露头

（c）第四系变形露头

图 3.5-1　澜沧江断裂变形特征（昌都若巴乡）

T_3j—上三叠统甲丕拉组，T_3d—夺盖拉组

3.5.2　吉塘镇露头

澜沧江断裂向南东方向在吉塘镇一带展布，通过该观察地段（图 3.4-9，观察点 Ⅱ）三处露头点调查分析，获得了断裂构造特征及活动性的信息。

3.5.2.1　吉塘镇西侧山坡

澜沧江断裂在吉塘镇西侧山坡出露，断层地貌明显可见（图 3.5-2），表现为南西（上）盘卡贡岩组（C_1k）向北东逆冲于北东（下）盘下三叠统甲丕拉组（T_3j）之上。断层面倾向南西西，倾角较陡，断层破碎带及影响带宽数十米，内部岩石破碎，主要为透镜状分布的构造角砾岩。断层上盘卡贡岩组（C_1k）岩性为阳起石片岩，原岩为基性岩浆岩；断层下盘主要为昌都—芒康盆地晚三叠世陆源碎屑建造，发育牵引褶皱。受断层影响，下盘甲丕拉组（T_3j）变形强烈，地貌上可见 10~40m 宽的断层影响带。

吉塘镇北北西方向卡仁村附近的山坡上可见甲丕拉组（T_3j）灰黄色薄层泥岩与砂岩

图 3.5-2　吉塘镇澜沧江（竹卡）断裂宏观展布图（镜向 W）

T_3j—上三叠统甲丕拉组；C_1k—下石炭统卡贡岩组

互层中发育次级断层（图 3.5-3），断层面倾向 SW226°，倾角 75°；断层破碎带宽约 5～8cm，发育土黄色碎粉岩宽约 4～6cm，断层泥宽约 1～2cm，破碎带内部发育两期擦痕，擦痕 L1 较陡指示逆冲，擦痕 L2 平缓指示右旋走滑（图 3.5-3），通过两期擦痕的切割关系可知该断层早期运动性质为逆冲，晚期表现为右旋走滑。

图 3.5-3　澜沧江断裂中的次级断层

对上述观察点断层泥进行石英形貌扫描，统计结果显示（图 3.5-4）贝壳状石英占 11.54％，次贝壳状石英占 26.92％，橘皮状石英占 15.38％，鳞片状、苔藓状石英占 23.08％，钟乳状、虫蛀状石英占 15.38％，锅穴状、珊瑚状石英占 7.69％。反映晚第四纪活动的贝壳状、次贝壳状石英达 38.46％，显示其晚更新世具有一定的活动性。该点断层电子自旋共振（ESR）测年为（68.5±6.0)ka，说明断层在晚更新世具有活动性。

3.5.2.2　吉塘镇北西地貌错断

在吉塘镇北西，数条冲沟被错断，形成同步的左旋位错，部分断层通过处的冲沟形成弃沟（图 3.5-5），经航拍测量左旋位错分别为（6.23±0.1)m 和（5.12±0.1)m。经初步分析认为，冲沟规模较小，长度均在 100m 之内，宽一般不超过 10m，切割深度较浅，据区域对比，判断山体冲沟时代较新，因此，该断裂具备全新世活动的可能性。

3.5.2.3　吉塘镇第四纪节理及断层

吉塘镇北，堆积有厚达 30～40m 的泥石流堆积物，沉积物呈黄灰色，无分选、无层理、无磨圆，松散—半固结。在该沉积物中发育大量的节理及断层。

在吉塘镇，从派出所沿老 214 国道向北分布长达数百米、厚数十米的洪积物，无分

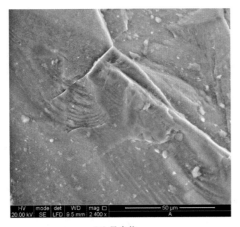
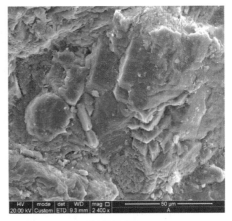

（a）贝壳状　　　　　　　　　　　　　　（b）次贝壳状

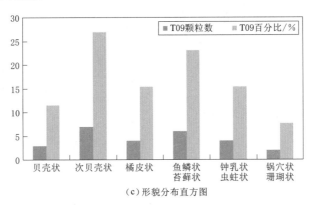

（c）形貌分布直方图

图 3.5-4　昌都吉塘镇竹卡断裂断层泥石英形貌分布

选、无定向，土黄色泥中夹大小不等的棱角状砾石。洪积物半固结，推测为全新世。此处洪积物中发育断层及节理构造（图 3.5-6），断层代表性产状 N65°E/SE∠72°，沿断层面、节理面洪积砾石定向排列。断层面附近发育派生的羽状节理，据羽状构造及砾石排列，指示断层为逆断层。

吉塘镇向北约 300m 处（老）214 国道壁泥石流堆积物中发育一系列断层。公路外侧断层近南北向展布（图 3.5-7），产状为 NS/W∠84°，断层面光滑、平整，砾石被切错，磨光面上发育直立擦痕，断面旁边派生羽状节理清楚，据磨光面特征及派生构造，指示断层逆冲。公路内侧的洪积物中发育一系列断层，走向近东西，向南陡倾，产状 N85°E/SE∠75°、EW/S∠70°、N70°E/SE∠78°。沿断层面或节理面，棱角状砾石定向平行排列，断层面上常发育陡、缓两期（组）擦痕（图 3.5-8～图 3.5-10）：陡倾擦痕示逆冲；晚期擦痕较缓，示右行走滑。

上述洪积物为近东西向吉塘沟所致，半固结，在吉塘镇形成洪积扇并叠加在色曲河 $T_1 \sim T_2$ 阶地之上，说明其时代较新，发育其中的大量第四纪变形说明竹卡断裂具有晚第四纪活动特征。

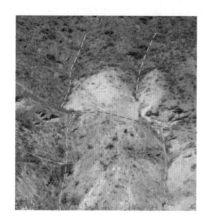

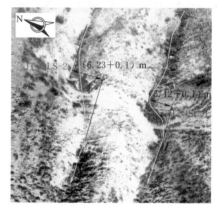

图 3.5 - 5　吉塘镇北西澜沧江断裂断错山脊冲沟

JT - OSL - 1、JT - OSL - 2—第四系光释光年龄样

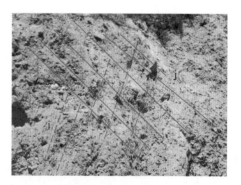

图 3.5 - 6　吉塘镇派出所旁全新世洪积物中的断层及节理

f—断层；j—节理；y—羽状节理（断层派生构造）

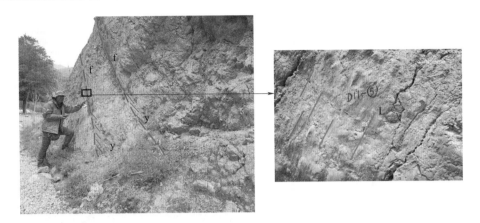

图 3.5 - 7 察雅吉塘镇北 300m 公路旁（外侧）断层露头

f—断层；y—派生羽状节理；L—擦痕

图 3.5 - 8 吉塘镇北第四纪断层分布剖面

图 3.5 - 9 吉塘镇北第四纪断层（f_1、f_2）及节理剖面

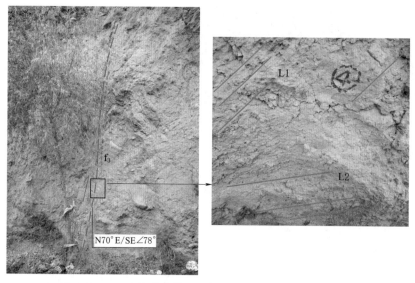

图 3.5-10 吉塘镇北第四纪断层（f_3）及擦痕（L1、L2）

3.5.3 主松洼露头

在察雅县卡贡乡主松洼一带，澜沧江断裂沿登许—主松洼一带大致沿澜沧江展布，且被郭庆—谢坝断裂左行错移（图 3.5-11）。断裂总体走向北西，陡倾南西，倾角 70°～80°。

图 3.5-11 察雅卡贡乡澜沧江断裂展布

主松洼调查点（图 3.4-9，观察点Ⅲ），四个露头点清楚展示了断层变形及活动性特征。

在主松洼一带，上（W）盘为晚三叠世花岗闪长岩（$\gamma\delta T_3$），下（E）盘为上三叠统波里拉组（$T_3 b$）及阿堵拉组（$T_3 a$）砂岩、粉砂岩、泥岩及石灰岩。在主松洼印支期晚三叠世花岗闪长岩（$\gamma\delta T_3$）中发育次级断层，断层产状 N6°W/SW∠43°，破碎带宽 1～2m，发育碎斑岩、碎粉岩，上、下盘发育陡倾斜节理及破劈理（图 3.5-12）。

图 3.5 - 12 主松洼澜沧江断裂露头剖面图

主松洼下游澜沧江断裂下盘附近三叠系地层中发育次级断层 [图 3.5 - 13 (a)]，断面产状 N40°W/SW∠65°，破碎带宽数十厘米，断层岩为碎斑岩、碎粒岩及 2～3cm 厚的断层泥，断层面上见两个期次的擦痕，表现早期逆冲和晚期的左旋走滑 [图 3.5 - 13 (b)]。剖面之上发育澜沧江 T_3 阶地，河床相砾石层受到了扰动，造成砾石层陡倾斜，大致与基岩断层面产状一致 [图 3.5 - 13 (a) 顶部]。该地区 T_3 阶地时代为晚更新世，显示该断层晚更新世以来可能有过活动。

(a) 断层露头－顶部砾石层有变形　　　　　(b) 断层泥及左行擦痕

图 3.5 - 13 澜沧江断裂附近下盘三叠系中的次级断层（主松洼下游）

主松洼北西见澜沧江断裂第四纪断层剖面（图 3.5 - 14；云南省地震局，2014），发育有三条断层，其产状分别为 N35°W/NE∠75°、N50°W/NE∠60° 和 N30°W/NE∠70°。断层断错洪积卵砾石层，F_2 断面附近可见黑色片理化带，右侧断层错断晚更新世（Q_3）地层，表明断裂晚更新世以来曾有过活动。

主松洼北西附近见另外一条第四纪断层（图 3.5 - 15），断层产状为 N65°W/NE∠50°，断层断错洪积卵砾石层和基岩，取断错的细砂层进行电子自旋共振（ESR）测年，年龄为 (39±3)ka，属晚更新世，表明断裂晚更新世以来曾有过活动。

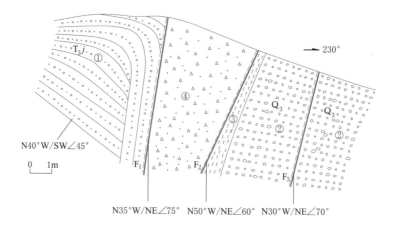

图 3.5 - 14　主松洼北西断层剖面（云南省地震局，2010）

①—三叠系；②—砂卵砾石层；③—片理化带；④—断层破碎带

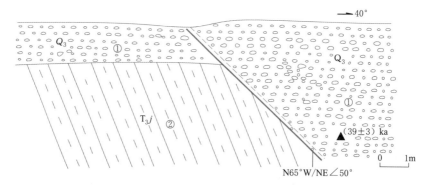

图 3.5 - 15　主松洼北西断层剖面（云南省地震局，2010）

①—洪积卵砾石层；②—基岩陡立带；▲—ESR 样品取样位置及样品年龄

3.6　澜沧江断裂班达亚段活动性

澜沧江断裂在主松洼下游约 3km 穿过澜沧江，在右岸呈南东向展布。通过露头观察、遥感解译、仪器测量、无人机拍摄等，对其活动性得到了较好的认识，由北向南对色汝村（图 3.4 - 9，观察点Ⅳ）及绒曲河口（图 3.4 - 9，观察点Ⅴ）分述如下。

3.6.1　色汝露头

色汝村见澜沧江断裂出露（图 3.6 - 1），断层上盘为中 - 上三叠统竹卡组（$T_{2-3}\check{z}$）火山岩，岩体保存相对完好；断层下盘为上三叠统波里拉组（T_3b）灰色中厚层夹薄层生物碎屑灰岩，受断层影响灰岩内部发育强劈理化带、构造透镜体和大量方解石脉。由于受到近东西向的强烈挤压，断层面波状起伏，以至于发生翻卷而倾向北东，在地表形成正断层态势（图 3.6 - 1），但向下逐渐变陡而呈南西倾，断层总体倾向南西，以逆冲—斜向逆冲为主。平洞分别揭示中 - 上三叠统竹卡组（$T_{2-3}\check{z}$）英安岩、流纹岩逆冲到上三叠统波里拉组（T_3b）灰色中薄层生物碎屑灰岩、粉砂岩之上。断层形成的构造层次不深，总体表现为脆性变形。平洞中发育十余条次级断层，单条断层规模不大，破碎带宽数厘米居多，断层破碎带主要是构造角砾岩、碎斑岩、碎粉岩和断层泥等。

F_{11-1} 断层 [图 3.6 - 2（a）]，为下盘次级断层，发育于波里拉组紫红色中厚层细粒长石石英砂岩中，断层下界面倾向南西，倾角 47°，断层破碎带宽约 5～20cm，内部发育强劈理化带和构造透镜体带，与断层面呈小角度相交，指示断层性质为逆冲。

图 3.6 - 1　澜沧江断裂露头特征
（察雅县巴日乡色汝沟）
$T_{2-3}\hat{z}$—上三叠统竹卡组；T_3b—上三叠统波里拉组

F_{11-2} 断层破碎带宽约 1m，内部主要发育构造角砾岩，断层面附近发育碎粒岩宽 3～5cm 左右；断层面倾向南西，倾角 51°，发育几毫米厚的断层泥，表面见擦痕发育 [图 3.6 - 2（c）]，指示断层性质为逆冲。

竹卡断裂主断面 F_{11} [图 3.6 - 2（d）]，主要发育石灰岩质构造角砾岩及其强烈劈理

（a）下盘次级断裂破劈理及构造透镜体

（b）下盘波里拉组石灰岩构造透镜体及破劈理

ESR：（138.0±14.0）ka

（c）下盘次级断裂断层泥及擦痕

ESR：（125.7±12.01）ka

（d）澜沧江断裂主断裂（上盘竹卡火山岩中发育构造透镜体、糜棱岩及揉皱）

图 3.6 - 2　澜沧江断裂（F_{11}）变形特征

化带和透镜体化带，局部存在碳化现象，主断面处发育宽 2～5cm 的土黄色碎粉岩。断层上盘为紫红色块状微晶流纹岩，局部发育灰白色斜长石斑晶；断层下盘为强劈理化薄层细-泥晶灰岩，劈理产状为 N72°W/SW∠79°，沿劈理方向发育大量方解石脉，且局部见劈理发生后期揉皱；劈理带中发育石香肠化灰岩透镜体，表现为脆韧性变形。根据断层带内透镜体排列方式可判断 F_4 断层性质为逆冲断层。

采集 F_{11-2}（下盘次级断裂）、F_{11}（主断裂）、F_{11-11}（上盘次级断裂）断层泥样品进行石英形貌扫描和电子自旋共振（ESR）测年分析，断层泥石英形貌中（表 3.6-1、图 3.6-3），贝壳状石英占 6.45％，次贝壳状石英占 7.53％，橘皮状石英占 36.56％，鳞片状、苔藓状石英占 38.70％，钟乳状、虫蛀状石英占 7.53％，锅穴状、珊瑚状石英占 3.23％。

表 3.6-1 澜沧江断裂石英形貌及 ESR 测年结果

	形貌类型	贝壳状	次贝壳状	橘皮状	鱼鳞状苔藓状	钟乳状虫蛀状	锅穴状珊瑚状	ESR 测年/ka
颗粒数	F_{11-2}	2	2	7	15	4	3	138.0±14.0
	F_{11}	3	3	17	6	1	0	125.7±12.0
	F_{11-11}	1	2	10	15	2	0	181.2±18.0
综合颗粒数		6	7	34	36	7	3	
综合百分比		6.45％	7.53％	36.56％	38.70％	7.53％	3.23％	

对 F_{11-2}（下盘次级断裂）、F_{11}（主断裂）及 F_{11-11}（上盘次级断裂）等代表性断层进行电子自旋共振（ESR）测年，其年龄值分别为（138.0±14.0）ka、（125.7±12.0）ka 及（181.2±18.0）ka，说明断层最新活动时代为中更新世晚期，不具活动性。

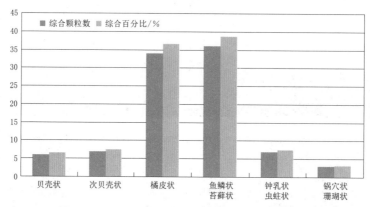

图 3.6-3 澜沧江断裂石英形貌统计（色汝 PD1）

此外，在位于澜沧江断裂上盘发育宽约百余米的挤压破碎带，地貌上风化较强，岩体流层面不明显，总体表现为早期韧性变形被后期小型脆性逆断层叠加的强应变带。南西边界为一逆冲断层，断层破碎带宽数十厘米，发育灰黑色碎粉岩。断层上盘英安岩体保存完整，流层面明显发育；下盘岩体则破碎强烈 [图 3.6-4 (a)]，局部产生碳化现象 [图 3.6-4 (c)]，强应变带内部见次级断层发育 [图 3.6-4 (b)]，岩性为糜棱岩化英安岩，早期糜棱面理 S_1 产状为 N12°W/NE∠68°；后期发生脆性逆断层切割糜棱面理 S_1，断层带内充填大量透镜状石英脉 [图 3.6-4 (d)]，受断层作用发生牵引变形，断层面产状为

N65°W/NE∠24°。挤压破碎带中发育糜棱岩（韧性剪切带形成于印支期，小型脆性破碎形成于喜山期）。综合判断竹卡断裂在色汝露头不具活动性。

图 3.6 - 4　色汝村北竹卡组（$T_{2-3}\hat{z}$）中的挤压破碎带特征

3.6.2　绒曲河露头

3.6.2.1　断层露头调查

过色汝后，澜沧江断裂向南东于绒曲河口一带展现（图 3.4 - 9，观察点 Ⅴ）。断裂上盘为中-上三叠统竹卡组火山岩，岩性主要为浅灰色英安岩，下盘中侏罗统东大桥组，岩性主要为紫红色砂岩、粉砂岩及石灰岩、生物碎屑灰岩，前者逆冲到后者之上，地表上形成明显的红/白界线，清楚地显示了断裂带的存在（图 3.6 - 5）。

图 3.6 - 5　绒曲河口澜沧江断裂展布图
J_2d—中侏罗统东大桥组；$T_{2-3}\hat{z}$—中-上三叠统竹卡组；PDF18—18 号平洞；
TR01—天然探槽（冲沟）；TC01、TC02—探槽及编号绒曲河澜沧江断裂总体呈向西突出的弧形（图 3.6-6）。断裂位于绒曲河右岸分布，断裂向北西～西～南西陡倾，倾角一般 70°～80°，部分地段反倾。断裂上、下盘构造变形总体表现为脆性，但上盘（竹卡火山岩）部分地段保留有较多的糜棱岩，主要为糜棱岩，脆性断层不发育；堆巴沟口断裂上盘也主要为糜棱岩，主要显脆性，说明断裂断距较大，深处韧性剪切带糜棱岩逆冲到了浅构造层之上。

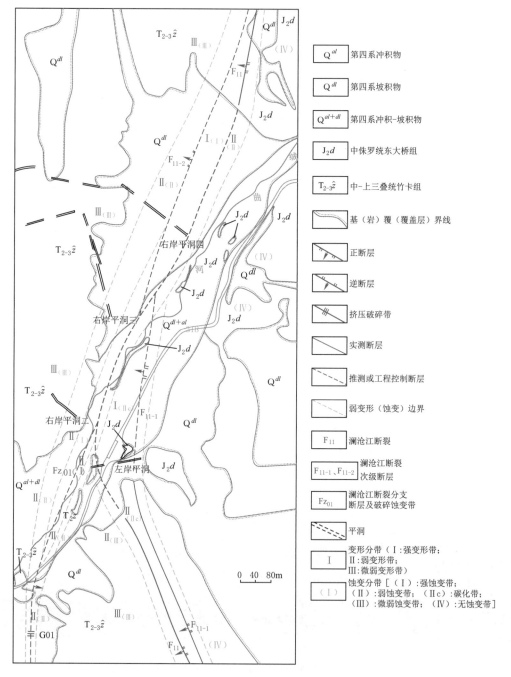

图 3.6-6 澜沧江断裂分布及蚀变分带图

　　绒曲河一带澜沧江断裂构造蚀变较强烈，主断裂及影响带构造蚀变宽达数十米，大部分分布在上盘火山岩中（图 3.6 - 6）。

　　绒曲河下游澜沧江断裂露头发育良好（图 3.6 - 7），主断裂从绒曲河河床左岸通过，上盘（竹卡）火山岩被侵蚀，下盘侏罗系出露较完整。断层破碎带宽数十米，发育一系列次级断层。次级断裂与主断裂产状一致，向西陡倾，代表性产状 N5°E/NW∠80°。次级断裂面上发育阶步及近水平擦痕，显示右行走滑。在绒曲河左岸，紧靠主断裂的下盘中发育次级断裂（图 3.6 - 8），断层面舒缓波状，代表性产状为 N25°E/NW∠55°～65°，破碎带宽约 50cm，发育构造角砾岩及碎粒岩，牵引褶皱指示逆冲性质。

图 3.6 - 7　绒曲河下游左岸澜沧江断裂露头

Q^{al}——一级阶地冲积层；J_2d——侏罗系东大桥组石灰岩、粉砂岩、泥岩；$T_{2-3}\hat{z}$——中三叠统竹卡组英安岩

图 3.6 - 8　澜沧江断裂下盘的次级断层（绒曲河口左岸）

该处还发育一组近东西向正断层（图3.6-9），规模不大，错距较小（数十厘米），切割了澜沧江断裂破劈理，说明其活动时代晚于澜沧江断裂。

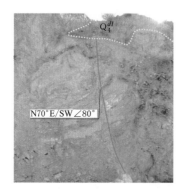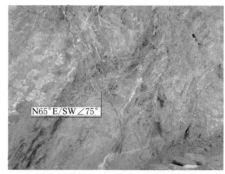

图3.6-9 澜沧江断裂下盘的后期正断层（绒曲河口左岸）

绒曲河口还发育一条与澜沧江主断层呈"入"字形结构的分支断层，向南西延伸约2.5km消失（图3.6-6，Fz_{01}）。

3.6.2.2 平洞探测

（1）位于绒曲河河谷左岸的平洞，完整揭露了澜沧江断裂。岩性为中-上三叠统竹卡组（$T_{2-3}\hat{z}$）糜棱岩化英安岩、流纹岩和中侏罗统东大桥组（$J_2 d$）黑色钙质、泥质构造片岩（原岩为泥灰岩和泥岩）和紫红色砾岩、含砾砂岩。岩石中穿插大量的变形强烈的花岗质、长英质脉体。泥灰岩受构造变形作用发生碳化。断裂变形强烈，影响带宽120m左右。

（2）绒曲河右岸平洞一岩性为中-上三叠统竹卡组（$T_{2-3}\hat{z}$）深灰色至灰红色英安岩，蚀变严重，偶见流层面，主要发育7条逆断层（表3.6-2）。破碎带宽2cm至60cm不等，断层破碎带以构造角砾岩为主，碎粒岩、碎斑岩、碎粉岩，断层泥不发育。对f_2取样进行石英形貌扫描，以鱼鳞状、苔藓状形貌为主，显示早-中更新世具有活动性。

表3.6-2　　　　　　　　　　绒曲河右岸平洞一断层表

断层编号	产状	性质	断层破碎带	断层岩	年龄分析
f_1	N25°W/NE∠45°	逆断层	左壁宽3～10cm，右壁宽2～4cm	碎斑岩2～5cm，碎粉岩约2cm，断层面较平整	
f_2	N25°E/SE∠47°	逆断层	左壁宽40～50cm，右壁宽40～60cm；断层面两侧钾化较明显	破碎带约50cm，主要以碎斑岩为主，边部可见黄色碎粒岩呈条带状分布，以陡倾破裂面与断层面斜交	SEM：Q_{1-2}
f_2'	N10°W/SW∠75°	逆断层	宽20cm，洞内出露长度约6m	碎粒岩2～5cm，碎斑岩1cm	
f_3	N25°E/NW∠50°	逆断层	与f_2'断层构成一个宽约50cm的破碎带	碎斑岩约5～10cm，碎粉岩呈条带状分布，破碎带内见透镜体定向分布	
f_4	N70°E/NW∠55°	逆断层	宽2～4cm，沿断层面两侧岩石钾化较严重	碎斑岩5cm，碎粒岩约2～3cm	

续表

断层编号	产状	性质	断层破碎带	断层岩	年龄分析
f_5	N20°W/NE∠60°	逆断层	宽 2～4cm，见长大裂隙发育	碎斑岩 2～5cm，碎粉岩 1～2cm、呈黄色条带状分布	
f_6	N23°E/NW∠65°	逆断层	宽 10～30cm，洞内出露长度约 7.4m	发育构造角砾岩，见大量石英脉充填，裂隙内见锈染	

（3）绒曲河右岸平洞二全洞岩性较单一，中-上三叠统竹卡组英安岩为主，节理裂隙发育，裂隙面普遍锈蚀严重。共发育 16 条脆性小断层（表 3.6 - 3），单条规模都不大，断层带主要发育构造角砾岩、构造透镜体。断层两盘为灰黑色英安岩，发育大量缓倾石英脉，在断层面附近发生错断。

表 3.6 - 3　　　　　　　　　　　　绒曲河右岸平洞二断层表

断层编号	洞深/m	产状	性质	断层破碎带	断层岩	年龄分析
f_1	19～24	N70°E/NW∠62°	逆断层	宽 5～30cm；锈蚀严重，见紫红色次生泥贯入	主要为构造角砾岩、构造透镜体	
f_2	22.5～29.5	N30°W/NE∠47°	正断层	宽 5～20cm；锈蚀严重，局部有卸荷孔洞	主要发育构造角砾岩，碎斑岩 3～5cm	
f_3	25～27	N55°E/NW∠55°	逆断层	顶部较宽，约 5～10cm，下部宽 2cm，锈蚀明显	主要为构造角砾岩呈透镜状分布	
f_4	33～36	N15°E/SE∠71°	正断层	宽 50～200cm，发育松裂孔洞和脱顶现象	构造角砾岩宽 40～50cm，碎斑岩 10cm 左右	SEM：Q_{1-2}
f_5	47～48.3	N35°E/SE∠86°	正断层	宽 3～5cm，裂面锈蚀	以碎斑岩为主	
f_6	48.3～50.8	N10°W/NE∠78°	逆断层	宽 3～5cm，裂面锈蚀	以构造角砾岩，碎斑岩为主	ESR：(750.3±70.0)ka
f_7	59～60	N10°E/SE∠84°	逆断层	宽 5～10cm，裂面锈蚀	以构造角砾岩，碎斑岩为主	
f_8	70.8～71.7	N3°E/SE∠60°	正断层	断层面近直立；透镜体定向排列，边缘发育密集破劈理，劈理面锈蚀	以构造角砾岩为主，角砾 2～3cm 大小	
f_9	74.7～76.7	NS/W∠80°	逆断层	宽 5～10cm，锈蚀明显	构造角砾岩发育，构造透镜体 5～10cm，定向排列	SEM：Q_{1-2}
f_{10}	77.5～80	N30°W/SW∠78°	正断层	三壁贯通，具明显的锈蚀及褪色现象	发育构造角砾岩，碎斑岩；见碎粉岩呈白色条带状分布，约 1cm 厚	
f_{11}	84.3～85.2	N10°W/NE∠77°	正断层	宽 2～5cm，褪色明显	以构造角砾岩为主；发育 2～3cm 碎粒岩带，呈灰白色	
f_{12}	124～129	N33°E/NW∠79°	正断层	宽 10～20cm，裂面锈蚀，见渗水现象	构造角砾岩为主	

续表

断层编号	洞深/m	产状	性质	断层破碎带	断层岩	年龄分析
f_{13}	127.5～134.5	N75°E/NW∠76°	逆断层	宽 0.2～1cm	断层岩不发育，主要为石英脉	
f_{14}	130～132	N65°E/NW∠53°	性质不明	宽 40～50cm；裂面锈蚀明显，见渗水现象	构造角砾岩为主	
f_{15}	138～141	NS/W∠67°	逆断层	宽 10～20cm；裂面锈蚀明显	碎粉岩 1～2cm	
f_{16}	152～153.3	N12°E/NW∠80°	逆断层	宽 10～30cm，见渗水现象	构造透镜体定向排列，发育 5～10cm 碎斑岩，碎粉岩呈浅色条带状分布	

对 f_6 进行取样（图 3.6－10）进行电子自旋共振（ESR）测年，最新活动为（750.3±70.0）ka，为早更新世断层；对 f_4、f_9 取样进行石英形貌扫描，主要以橘皮状、鳞片状为主，显示早-中更新世具有活动性。

（4）绒曲河右岸平洞三岩性单一，洞内干燥，风化强烈，岩石破碎。主要发育 14 条脆性断层（表 3.6－4），断层破碎带发育构造角砾岩、碎斑岩、碎粉岩和少量断层泥。典型断层有 f_4 断层（图 3.6－11）。对 f_3、f_9 断层泥取样进行石英形貌扫描，主要以橘皮状、鳞片状为主，显示早-中更新世具有活动性。对 f_4 断层泥取样（图 3.6－11）进行电子自旋共振（ESR）测年，结果表明其最新活动为（108.7±5.5）ka。

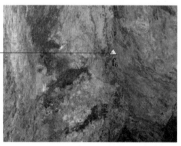

ESR
(750.3±70.0)ka

图 3.6－10　绒曲河右岸平洞二 f_6 断层年龄取样位置图

表 3.6－4　　　　　　　绒曲河右岸平洞三断层表

断层编号	洞深/m	产状	性质	断层破碎带	断层岩	年龄分析
f_0	60.8～64.5	N20°～60°E/NW∠45°～62°	逆断层	宽 10～100cm	主要为构造角砾岩	
f_1	76～80	NS/W∠75°	逆断层	宽 10～30cm	碎粉岩 5～10cm，浅色透镜体	
f_2	79.3～80.4	N55°E/NW∠72°	正断层	宽 50～60cm，具石英脉充填	主要以构造角砾岩为主，碎粉岩呈细脉浅色条带状透镜状分布，均已透镜体化	
f_{3-1}	86.6～89.8	N50°E/NW∠54°	正断层	宽 10～300cm，裂面锈蚀	构造角砾岩，边界面见 1～2cm 碎粉岩呈浅色条带状分布	SEM：Q_1
f_{3-2}	88.9～90.9	N45°E/NW∠37°	正断层	宽 10～300cm	构造角砾岩	
f_4	113	N70°E/NW∠40°	逆断层	宽 20～100cm，风化强烈，高岭土化明显	碎斑岩 40～50cm	ESR：（108.7±5.5）ka
f_5	120.1～125	N40°W/NE∠22°	正断层	宽 100～200cm，裂面锈蚀	碎粉岩 1～2cm	

续表

断层编号	洞深/m	产状	性质	断层破碎带	断层岩	年龄分析
f_{6-1}	123.8～126	N60°E/NW∠72°	正断层	宽 50～60cm，裂面锈蚀	碎斑岩 3～5cm 呈浅色条带状分布断面见磨光面及阶步、擦痕发育。断层两盘破劈理和构造透镜体发育	
f_{6-2}	124.7～128	N45°E/NW∠54°	正断层	宽 10～300cm 断层面近直立	以构造角砾岩为主，角砾 2～3cm 大小，大致定向排列，透镜体边缘发育密集破劈理	
f_7	157.6～158	N35°E/NW∠37°	正断层	宽 10～300cm 锈蚀明显	发育碎粒岩，部分锈染，见陡倾擦痕发育，表面发育 1～2mm 泥膜	
f_8	197.9～201	N87°W/NE∠36°	逆断层	宽 10～30cm，断面见锈蚀	发育构造角砾岩，构造透镜体定向排列	
f_9	214～238	NS/W∠67°	逆断层	宽 20～30cm	发育碎斑岩	SEM：Q_{1-2}
f_{10}	232.5～236	N20°E/NW∠50°	逆断层	宽 5～200cm	发育构造角砾岩，1～2mm 断层泥，断层面见阶步擦痕	
f_{11}	235.8～242	N15°W/SW∠40°	正断层	宽 10～15cm	发育构造角砾岩	
f_{12}	240～240.9	N70°E/NW∠74°	逆断层	宽 1～15cm	发育构造角砾岩	

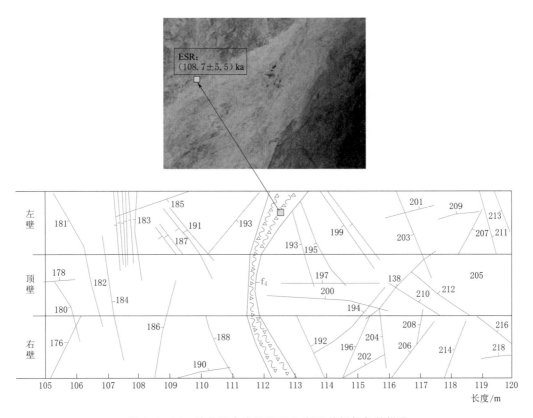

图 3.6－11　绒曲河右岸平洞三 f_4 断层特征与年龄样品

（5）绒曲河右岸平洞四地质情况比较复杂（图3.6-12、图3.6-13、表3.6-5）。该平洞发育数条性状较差、产状变化较大的十余条断裂（图3.6-14）。对支洞f_9的土黄色、灰色断层泥（皮）采集三个电子自旋共振（ESR）样品测年（图3.6-15），其年龄值分别为（107±5.0）ka、（248±26）ka、（531±71）ka。支洞f_9断层泥较新鲜，摩擦面、阶步、擦痕均较清晰，据地质判断可能具有一定的活动性。但左支洞已揭穿基（岩）覆（盖层）界线，即揭穿了基岩与上覆T_3阶地堆积物的不整合面（线），该界面（线）完整，固结良好，无任何变形迹象（图3.6-16），因此断层泥的形成应当在T_3阶地形成之前。

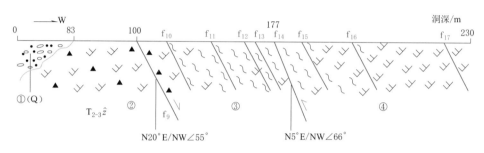

图3.6-12 绒曲河右岸平洞四剖面示意图

①—阶地砂砾石层；②—英安岩蚀变破碎带；③—糜棱岩化英安岩带；④—英安岩带

表3.6-5 绒曲河右岸平洞四断层表

断层编号	洞深/m	产状	性质	断层破碎带规模	断层岩	年龄分析
f_9	100	N20°E/NW∠55°	正断层	宽30～100cm，断层面光滑平整、表面见阶步、陡倾擦痕	发育厚30～50cm的碎粒岩，厚3～5cm的白色和黄色断层泥	SEM：Q_{1-2} ESR：（107.0±5.0）ka
f_{10}	118	N26°E/NW∠65°	逆断层	宽20～30cm，断层面平直光滑	断层泥厚1cm，碎粒岩厚20cm	
f_{11}	142	N26°E/NW∠54°	逆断层	宽20～50cm，断层面平直光滑，表面见擦痕，近水平，示走滑	浅灰白色脆性破裂英安岩与糜棱岩化英安岩分界处。断层泥厚3～5cm，碎粒岩、碎粉岩20～30cm	SEM：Q_{1-2}
f_{12}	161	N24°W/SW∠52°	逆断层	宽5～10cm	碎粒岩—碎斑岩厚3～5cm，未见断层泥发育	
f_{13}	165	N5°W/SW∠54°	逆断层	宽5～10cm，渗水	碎粉岩厚1～2cm，碎斑岩厚3～5cm	
f_{14}	177	N5°E/NW∠66°	逆断层	宽5～10cm	断层泥厚几毫米，碎斑岩厚3～5cm	
f_{15}	186	N8°W/SW∠54°	逆断层	宽5～10cm，断层破碎带宽3m	构造角砾岩，碎斑岩厚约10cm，断层泥厚约1cm	
f_{16}	195	NS/W∠60°	逆断层	宽5～10cm，断面见锈染	碎斑岩厚3～5cm，断层泥厚1cm	
f_{17}	225	N21°W/SW∠75°	逆断层	宽5～10cm，断层两盘岩体相对保存完好	断层泥厚几毫米，碎斑岩厚几厘米至10cm，见透镜体发育	

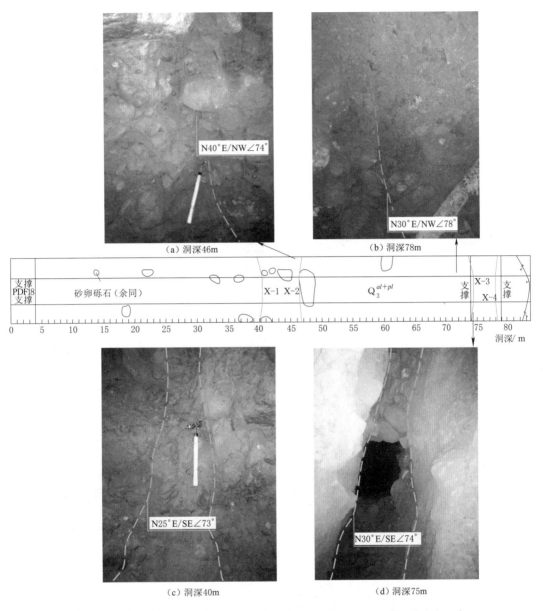

图 3.6-13 绒曲河右岸平洞四洞深 0～83m 段砂卵砾石层中发育的定向现象

3.6.2.3 探槽勘探

在绒曲河右岸平洞上方垂直于断层线开挖了两条探槽（图 3.6-17，TC01、TC02），经观察未发现晚第四纪变形现象。TC02 探槽走向 140°，长约 29m，宽约 3m，深 2～4.5m。选择 TC02 的 9～14m 段为典型段进行详细编录 [图 3.6-17（c）]，所揭露的堆积物及层序为：

U1：土黄色、灰色中-细粒残-坡积堆积物（Q_4^{el+dl}），夹大量植物根系。

U2：中-细粒棕黄色、土黄色含黏粒坡积物（Q_4^{dl}），偶见碎石、砾石，分选、磨圆

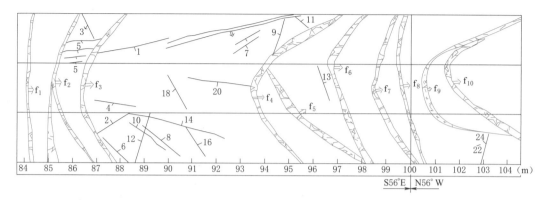

图 3.6 - 14　绒曲河右岸平洞四洞深 84～103m 断层发育特征

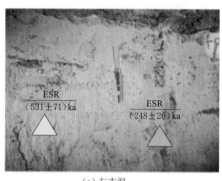

（a）左支洞

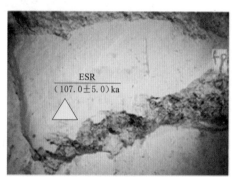

（b）右支洞

图 3.6 - 15　绒曲河右岸平洞四支洞 f_9 断层岩及测年

（a）主洞

（b）左支洞

图 3.6 - 16　绒曲河右岸平洞四基岩与覆盖层不整合面特征
（图示三级阶地基岩-覆盖层界面未变形）

差。黏粒物质光释光（OSL）测年为（44.25±1.33）ka。该覆盖层年龄与区域对比偏老，分析可能是混入了较老成分。

U3：粗粒棕黄色、土黄色坡积物（Q_4^{dl}），定向差、分选差、磨圆差、局部略具层理，夹少量大漂砾。

（a）一号探槽　　　　　　　　　　（b）二号探槽

（c）二号探槽编录；说明见正文

图 3.6-17　绒曲河右岸探槽开挖及编录

U4：中-粗粒棕黄色、土黄色坡积物（Q_4^{dl}），相对 U3 较细，局部略具层理，向下游增厚。

U5：中-细粒土黄色、棕黄色细粒坡积物（Q_4^{dl}），豆荚状，含较多的粉细砂和黏粒。

U6：与 U3 层相似，粗粒棕黄色、土黄色坡积物（Q_4^{dl}），分布不稳定，两端厚，中间薄，定向差、分选差、磨圆差，局部略具层理，下游端夹少量大漂砾。

U7：粗粒紫色砂卵砾石层，砂岩砾石为主，砾石磨圆好，粒径数厘米至数十厘米，砾石间填隙物主要为粗砂，该层为 T_3 阶地河流相堆积物，经区域对比，判断应形成于晚更新世（Q_3^{al}）。光释光（OSL）测年为（72.49±2.16）ka。分析测年成果可能偏老。

探槽上部为全新世崩坡积，下部已揭露到了晚更新世 T_3 阶地砂卵砾石层，未发现错动等变形现象。

在开挖探槽上游，一天然冲沟长度 70 余米（图 3.6-5），深 2～3m，宽 2～3m，冲沟切割第四纪坡积物，未发现第四系变形现象。

3.6.2.4 小结

绒曲河段澜沧江断裂活动性问题，曾有不同的观点和认识，根据地表地质调查、平洞、钻孔观察、断层测年等，综合研究认为其主要活动时代为早-中更新世，为不活动断层。该结论的主要依据有：

（1）地质测绘未发现晚第四系构造变形的地质地貌现象。在绒曲河两岸，未发现明显的、确切的第四系构造变形迹象。绒曲河口左岸平洞一下游左岸便道边坡发育厚度十余米的全新世堰塞堆积——粉砂及泥质粉砂，该堆积物距离竹卡主断裂数十米，自然露头及开挖露头均未发现任何变形现象（图 3.6-18）；绒曲河口澜沧江右岸河边厚 20～30m 的全新世堰塞堆积也无变形现象（图 3.6-19）。平洞洞深 0～83m 的第四系堆积物中发育数条砾石具有一定定向的裂缝（图 3.6-13），主要裂缝倾向山外，可能主要是卸荷成因。平洞主洞和左支洞均已揭穿 T_3 阶地与基岩的不整合面，不整合面无任何变形现象；绒曲河右岸山梁平台之上的 T_4 阶地堆积物也未发现变形迹象。

图 3.6-18　绒曲河口全新世堰塞堆积

图 3.6-19　绒曲河口澜沧江右岸全新世堰塞堆积

（2）探槽开挖未揭露晚第四纪断层活动现象。在绒曲河右岸，通过横跨断层的两个开挖探槽及天然冲沟的观察，未发现晚第四系变形迹象。

（3）断层物质年龄测试表明断层最新活动时代为早-中更新世。对绒曲河澜沧江断裂进行了多组年龄测试，其结果是（100～750）ka（表 3.6-6）。

表 3.6-6　　　　　　　　　　绒曲河澜沧江断裂 ESR 测年表

序号	断层	洞深	样品及性状	年龄/ka	测试年份	备　注
1	f_9	左支洞 40m	断层泥（泥皮）	531.0±71.0	2018	年龄偏老，可能有老物质混入，地质判断可能为晚更新世—全新世
2	f_9	左支洞 40m	断层泥（泥皮）	248.0±26.0	2018	
3	f_9	右支洞 30m	断层泥	107.0±5.0	2015	
4	F_{11}	18m	碎粉岩	215.5±20.0	2015	
5	F_{11-1}	128m	碎粉岩	133.9±8.0	2015	
6	f_6	50m	碎粉岩	750.3±70.0	2015	
7	f_4	113m	断层泥	108.7±5.5	2015	

综上所述，澜沧江断裂绒曲河段不具活动性，为早-中更新世（Q_{1-2}）断层。

3.7　澜沧江断裂曲孜卡亚段活动性

在澜沧江曲孜卡段，扎西央丁村—曲孜卡乡一带，断裂上盘主要为印支期花岗闪长岩，下盘为中侏罗统东大桥组紫红色砂泥岩。盐井以南、扎西央丁村以北，断层走向北北西，在曲孜卡乡—扎西央丁村一带拐折为北北东向。拉九西村上游澜沧江左岸断裂露头清楚，断层破碎带及影响带宽 20～30m，带内东大桥组砂岩构造透镜体与花岗闪长岩构造透镜体相间分布，透镜体被破劈理、断层角砾岩、碎斑岩等包绕（图 3.7-1）。

（a）扎西央丁村—曲孜卡乡断裂展布

（b）古学下游澜沧江断裂破碎带，
A区域为（a）中断层带放大

（c）曲孜卡乡断裂展布

图 3.7-1　曲孜卡一带澜沧江断裂展布

澜沧江断裂曲孜卡亚段有两个重要的观察点，扎西央丁村（图 3.4-9，观察点Ⅵ）及曲孜卡乡（图 3.4-9，观察点Ⅶ）。

3.7.1　扎西央丁露头

在澜沧江河谷的"扎西央丁"河段，具有复杂的地质构造和地貌现象。对此复杂地质构造和地貌，前人存在不同的认识和争议。在对该河段地质、地貌调查基础上，结合区域地质背景，对该河段地质构造、地貌成因进行综合分析，以揭示地质构造、地貌的形成过程。

3.7.1.1 基本地质、地貌特征

澜沧江河谷扎西央丁村河段地处三江—羌塘造山系的昌都—兰坪地块西缘，跨开心岭—杂多—竹卡陆缘岩浆弧和昌都—兰坪中生代双向前陆盆地两个三级构造单元，区域性分界断裂——澜沧江断裂呈近南北向沿河谷展布，河段北段展布于河流左岸，在扎西央丁村北约500m处穿过澜沧江沿扎西央丁村平台后缘而分布于右岸，延伸至平台南缘再次穿过澜沧江展布于河流左岸（图3.7-2）。

Q_4^{dl} 全新世坡积层	Q_4^{pl} 全新世洪积层	Q_4^{pl+el} 全新世洪积残积层
Q_3^{al} 晚更新世冲积层（三级阶地）	$K_1 j$ 下白垩统景星组	$J_3 x$ 上侏罗统小索卡组
$T_3 x$ 上三叠统小定西组	$\gamma\delta T_3$ 晚三叠世花岗闪长岩	断层
探槽	★D06 考察观察点	滑坡边界线
L8 差分RTK测量地形剖面线		

图3.7-2　澜沧江扎西央丁河段地质地貌图

澜沧江断裂以西为开心岭—杂多—竹卡陆缘岩浆弧/地层分区，由组成陆缘弧的花岗闪长岩（$\gamma\delta T_3$）、中三叠统俄让组（T_2e）、中-上三叠统竹卡群（$T_{2-3}\hat{z}$）和上三叠统小定西组（T_3x）地层组成，河段主要出露花岗闪长岩。断裂以东为昌都—兰坪中生代双向前陆盆地/地层分区，由组成前陆盆地的中侏罗统东大桥组（J_2d）、上侏罗统小索卡组（J_3x）和下白垩统景星组（K_1j）等红色磨拉石建造组成。在该构造单元/地层分区中还有大量本属西侧开心岭—杂多—竹卡陆缘岩浆弧/地层分区的小定西组（T_3x）地层，小定西组（T_3x）地层覆于组成前陆盆地地层之上。在区域上，这些地层呈圈闭状，疑为"飞来峰"（图3.7-3）。

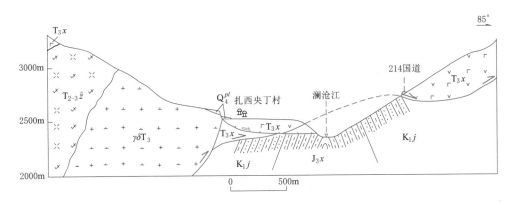

图 3.7-3　澜沧江扎西央丁河段地质地貌剖面图

澜沧江河谷扎西央丁村河段整体为深切河谷，北段呈北西向，南段呈北北东向，形成一向东突出的弧形，突出部位为一开阔平坦的扇状平台，平台后缘呈近南北向，为澜沧江断裂通过部位（图3.7-4）。后缘谷坡平整、平整谷坡底部有南北向的洼地分布；谷坡上有狭窄的冲沟发育，冲沟堆积大量全新世洪积物（Q_4^{pl}），冲沟与平台之间垂直高差在80m左右（图3.7-4），形成"悬谷"。平台表层大量出露上三叠统小定西组（T_3x）的玄武岩、玄武安山岩等，岩石较为破碎，多呈残积碎块状。在平台北侧洼地壁上可见完整的基岩；在平台东侧的澜沧江边谷坡分布上侏罗统小索卡组（J_3x）和下白垩统景星组（K_1j）等红色磨拉石建造，故平台表层上三叠统小定西组（T_3x）的玄武岩、玄武安山岩与下伏地层可能为构造接触。在平台北侧（扎西央丁村）地势较平台相对低十余米，在此处经探槽揭露，表层为湖积层（厚2m左右），湖积层之下为三级阶地，阶地之下可能为中侏罗统东大桥组（J_2d）；平台南侧被全新世崩坡积（Q_4^{dl+col}）掩盖；在平台后缘"悬谷"下，有少量全新世洪积物分布。

3.7.1.2　扎西央丁河段地质、地貌成因的认识

1. 成因争议

对澜沧江河谷扎西央丁村河段复杂地质结构、地貌现象的成因，前人有过不同的解释和认识，也存在较大的争议，主要有以下几个方面：

（1）分布于澜沧江断裂以东昌都—兰坪中生代双向前陆盆地中的上三叠统小定西组（T_3x）基性火山岩地层，究竟是原地地层系统，还是来自西侧竹卡弧的外来块体（飞

图 3.7-4　澜沧江扎西央丁河段地质地貌结构图（竹卡断裂即澜沧江断裂）

来峰）？上三叠统小定西组（T_3x）基性火山岩地层与盆地侏罗—白垩系红色磨拉石建造是正常地层接触还是构造接触？

（2）扎西央丁村扇状平台是发育在澜沧江右岸的古漫滩（T_3 阶地），还是从西侧扎西央丁沟冲出的洪积台地？为什么台地上的物质与冲沟中物质不一致？上游冲沟冲出的物质到哪里去了？

（3）平台后缘平行澜沧江断裂的平整谷坡、沿断裂展布的线性洼地、"悬谷"是否是与活动断裂有关的动态构造地貌？

（4）平台及平台后缘地貌是否由滑坡形成？滑坡方向是自左岸向右岸并堵江，还是右岸的滑坡？

诸如这些问题都存在不同的认识和争议，截至目前，也没有一个较为全面合理的解释。

2. 演化模式

针对这些问题，通过野外实际地质调查和综合分析，提出了对上述复杂地质结构、地貌形成过程的演化模式：

（1）分布于澜沧江断裂以东昌都—兰坪中生代双向前陆盆地中的上三叠统小定西组（T_3x）基性火山岩地层为异地外来构造岩块——"飞来峰"。该认识基于分布在澜沧江断裂东侧盆地中的上三叠统小定西组（T_3x）基性火山岩地层均"无根"覆于盆地新（J - K）地层之上，且与周围地层呈断层接触；小定西组（T_3x）基性火山岩形成原地背景应是岛弧——竹卡弧构造环境，在前陆盆地难有强烈火山（岩）活动形成的背景；在区域上的昌都—兰坪盆地中，晚三叠世无强烈火山活动，上三叠统夺盖拉组与下白垩统汪布组/漾江组呈整合接触，而并无上三叠统小定西组（T_3x）基性火山岩地层。

（2）扎西央丁村扇状平台既非（三级）阶地，也非洪积扇。扇状平台上未见大量与"悬谷"中堆积物相匹配的以花岗质、英安质为主的洪积物分布，也无由澜沧江河流作用堆积的冲积物的大量存在，仅在平台北侧局部分布少量的三级阶地，且该处三级阶地阶面明显低于平台面。

（3）平台后缘平行澜沧江断裂的平整谷坡、沿断裂展布的线性洼地、"悬谷"非新构造地貌。这是因为"悬谷"上下洪积物无论规模、组成均不能合理地匹配，即"悬谷"中（物源区或径流区）堆积物量大，而在"悬谷"下方的堆积区量少（洪积扇规模小）；而且，形成"悬谷"的全新世堆积物被澜沧江断裂新活动垂直错断80m（速率大于等于1mm/a），这与澜沧江断裂区域新活动性不吻合。地貌形成可能与滑坡有关：平整谷坡是滑坡（后缘）壁，洼地为滑坡平台后缘滑坡洼地，而"悬谷"则为滑坡错断洪积扇根。

（4）扎西央丁河段存在滑坡，但平台并非是澜沧江左岸向西滑动并造成堵江，因为在左岸未见与平台在物质组成、结构相匹配和对应的滑坡（体）存在，故滑坡来自于平台所在的右岸。平台后缘所发育的滑坡地貌也证实了这一认识。

3. 演化阶段

综上所述，扎西央丁河段复杂地质结构和地貌形成与地质、地貌演化密切相关，经历以下几个阶段（图3.7 - 5）：

（1）岛弧—弧后前陆盆地发展（沉积）阶段。中晚三叠世，随着北澜沧江洋盆向东的俯冲消减，在昌都—兰坪地块西缘隆起形成陆缘岛弧，岛弧后（东）侧凹陷形成弧后前陆盆地，岛弧带强烈的岩浆活动喷发堆积中上三叠统竹卡组（$T_{2-3}\check{z}$）中酸性钙碱性系列火山建造和上三叠统小定西组（T_3x）中基—基性火山建造；而在岛弧后（东）侧凹陷中则堆积同时异相的上三叠统甲丕拉组（T_3j）、波里拉组（T_3b）、阿堵拉组（T_3a）和夺盖拉组（T_3d）碎屑岩＋碳酸盐建造；侏罗—白垩纪，随岛弧的进一步隆起、弧后盆地的进一步坳陷，在岛弧带缺失侏罗—白垩系地层沉积，而在弧后盆地则堆积侏罗—白垩系红色磨拉石建造［图3.7 - 5（a）］。

（2）推覆发展阶段。随着北澜沧江关闭，于白垩纪末，在昌都—兰坪地块西缘产生碰撞造山，强烈挤压作用致使地块西缘的岛弧带向东侧的中生代前陆盆地逆冲—推覆，使岛弧带物质推覆于前陆中生代地层之上，在岛弧与盆地接触带形成前陆逆冲—推覆构造带［图3.7 - 5（b）］。

（3）冲断—隆升阶段。随碰撞造山进一步加剧，古近—新近纪，前陆逆冲—推覆构造

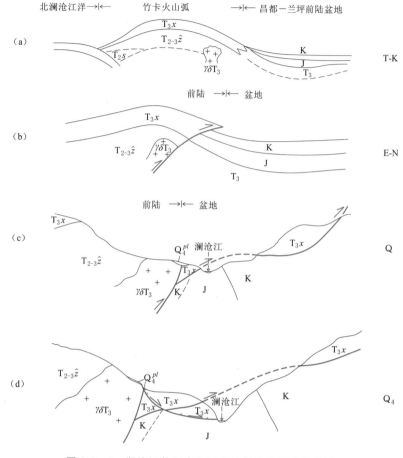

图 3.7-5 澜沧江扎西央丁河段地质地貌形成演化图

带发生冲断；地壳隆升，澜沧江河流沿推覆—冲断带强烈侵蚀下切，将推覆构造带上盘岛弧的上三叠统小定西组（T_3x）中基—基性火山建造大量剥蚀，仅部分残留而形成覆盖于盆地侏罗—白垩系地层之上的异地构造圈闭体——"飞来峰"构造 [图 3.7-5（c）]。

（4）地貌（滑坡）形成阶段。进入第四纪，强烈的高原隆升导致澜沧江深切河谷形成，强烈的地形反差为重力地质作用提供了条件，澜沧江河谷谷坡上发生沿冲断带发育的、自谷坡（西）向河流（东）滑坡，形成扎西央丁滑坡平台、滑坡后缘的滑坡洼地、切割错断冲沟洪积物的"悬谷"等地貌 [图 3.7-5（d）]。

强烈的滑坡可能造成堵江，形成堰塞湖，在滑坡体（平台）北（上游）侧堰塞（湖相）沉积（图 3.7-6）；堰塞湖在溃坝过程中，将覆盖于滑坡平台上的洪积物冲蚀，故在平台上几乎没有"悬谷"冲沟中的洪积物质；同时也造成澜沧江的改道，形成向东突出的弧形河道，经历以上阶段，扎西央丁河段地貌基本定型；在扎西央丁村一带反复追踪调查，未发现确切的澜沧江断裂第四纪晚期以来的活动证据；在扎西央丁村上游三级阶地阶面上开挖了两条探槽，也未发现错动、扰动上更新统地层的迹象（图 3.7-7）。由此认为，扎西央丁一带，澜沧江断裂不具活动性。

图 3.7-6　滑坡体上游 T3 阶地上覆湖相沉积　　　　图 3.7-7　扎西央丁三级阶地探槽

3.7.2　曲孜卡乡露头

曲孜卡乡一带澜沧江断裂露头清楚，断层走向北东（图 3.7-8），通过地质调查、平洞探测、探槽及年代样品测试，很好地揭示断裂的展布、构造变形特征以及活动性特征。

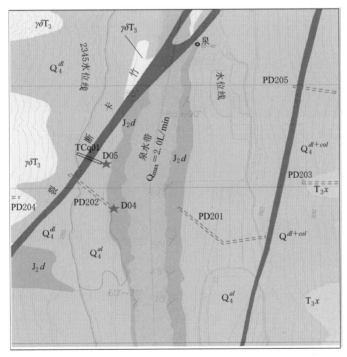

图 3.7-8　曲孜卡段地质图（竹卡断裂即澜沧江断裂）

Q_4^{al}—全新统沉积物；Q_4^{dl}—全新统坡积物；Q_4^{dl+col}—崩坡积物；
J_2d—中侏罗统东大桥组紫红色、灰褐色泥岩夹砂岩；T_3x—上
三叠统小定西组灰绿色玄武岩；$\gamma\delta T_3$—印支期花岗闪长岩。
PD202—平洞及编号；TCq01—一号探槽；
★D04/D05 地质考察观察点及编号

断层下盘为中侏罗统东大桥组（J_2d）紫红色泥岩夹砂岩；上盘为印支期花岗闪长岩；澜沧江断裂主断裂破碎带，影响带宽 20～25m，主断裂带宽 6～7m。断层面产状为 N30°～40°E/NW∠65°～75°，断层变形强烈，花岗闪长岩与紫红色东大桥组岩石破碎、相互搅合形成厚达数米的红白相间的杂色断层岩带（图 3.7-9），断层岩主要为碎粉岩及断层泥。断层泥性状较差，呈软塑状，断层泥发育较新鲜的磨光面、阶步及擦痕（图 3.7-10）。据其切割关系可分出三期擦痕，反映出断层具有多次活动，从早到晚大致可以分为逆（上）冲→走滑（右行）→正断。

同时根据断层泥的性状显示，澜沧江断裂目前保留较好的走滑运动性质。断层泥新鲜、性状较差，擦痕清晰，推测该地段澜沧江断裂可能具有新活动性。对紫红色断层、浅灰色断层泥分别取样进行电子自旋共振（ESR）测年，其结果分别为（290±29）ka 及（319±37）ka（图 3.7-9）。该数据老于地质经验判断时代，可能是样品混入了年龄较老的成分，也可能是 ESR 测年本身误差较大所致。

图 3.7-9 澜沧江断裂破碎带（洞深 82～83m）

图 3.7-10 澜沧江断裂破碎带断层泥及擦痕
（L1 为逆冲；L2 为右行走滑；L3 为正断，洞深 84m）

图 3.7-11 探槽

为了进一步了解澜沧江断裂活动性，2018 年 9 月在平洞上方布置探槽（图 3.7-11，图 3.7-8 TCq01）。探槽跨澜沧江断裂，探槽西侧谷坡上有断裂上（西）盘的晚三叠世花岗岩（$\gamma\delta T_3$）基岩出露，东侧澜沧江边分布断裂下（东）盘的中侏罗统东大桥组（J_2d）紫红色泥岩夹粉-细砂岩，断裂从探槽中部通过。探槽共揭露出三套地层（图 3.7-12），均为全新世沉（堆）积，自上而下为：①残坡积层（Q_4^{dl+el}），厚 20～50cm；②崩坡积层（Q_4^{pl+col}），厚 2～4m，上部为灰白色洪积相砾石层，分选差，次棱角状，粒径 2cm～1m，下部为砖红色黏土层，夹细砾石（标志层）；③冲积层（Q_4^{al}）（一级阶地），厚度大于等于 50cm（未见底），主要为漫滩相沉积，岩性为粉砂夹河床相砾石层，砾石磨圆好、具叠瓦状定向。

探槽揭示出澜沧江断裂一系列新活动性迹象。根据沉（堆）积层对应关系及错动，在探槽沉（堆）积层中发现至少 11 处构造变形；初步识别出断层（即错动变形）、节理（破裂变形）及扰动（弯曲）变形等（表 3.7-1，图 3.7-12、图 3.7-13）。断层是探槽揭露出的最主要构造，共发现有 8 处 9 条。断裂走向北北东，分别倾向东或西，倾角陡，约 70°；根据断裂错动对应（标志）层特征，西倾断裂（与澜沧江断裂一致）表现为逆冲（图 3.7-14），东倾断裂表现为正断层性质（图 3.7-15）。断层错距数厘米至数十厘米，局部发育不完整和不连续的构造角砾及构造碎粒。

表 3.7-1　　　　　　　　　　　探槽构造登记表

编号	位　置	构造类型	规模*/m	产　状	性质	断距/cm	备　注
①-1	下游壁 3m	扰动	1.7	N15°E/NW∠75°	逆冲	15	向逆冲后正断
①-2	下游壁 4m	错断（断裂）	1.5	N85°E/NW∠50°	逆冲	3～5	
②	下游壁 8.3～8.5m	错断（断裂）	1.5	N30°E/NW∠50°～80°	逆冲	20	三壁贯通，与⑧贯通成同一条
③	下游壁 12.2～12.5m	错断（断裂）	1.7	N5°E/NW∠78°	逆冲	80～100	③与④组合为对冲式
④	下游壁 14.9～15.1m	错断（断裂）	1.8	N35°E/SE∠70°	逆冲	15～25	
⑤	下游壁 22～22.5m	破裂（节理）	0.5～1.2	N30°～40°E/SE∠65°～70°	正断	2～5	
⑥	上游壁 18.3～18.5m	错断（断裂）	2.1	N2°W/NE∠78°	正断	55	
⑦	上游壁 12.5～13.5m	错断（断裂）	1.5～1.7	N70°E/SE∠60° N15°E/SE∠80°	正断	40	
⑧	上游壁 8.8～9m	错断（断裂）	2	N5°E/NW∠85°	逆冲	35	三壁贯通，与②贯通成同一条
⑨	上游壁 3.5m	错断（断裂）	1.7	N30°E/NW∠66°	正断	10	
⑨-1	上游壁 2.5m	错断（断裂）	1.7	N26°E/NW∠70°	正断	5	与⑨为同一组

* 指构造面（线）在探槽壁的迹线长度。

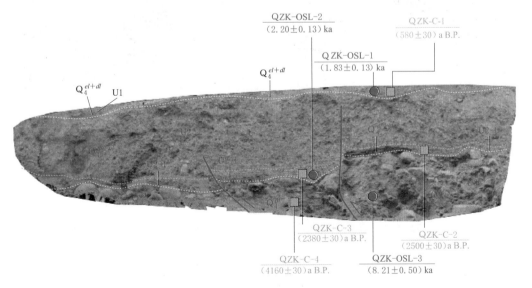

图 3.7-12　探槽（TCq01）下游壁岩性-主要断层及取样位置图（说明见正文）

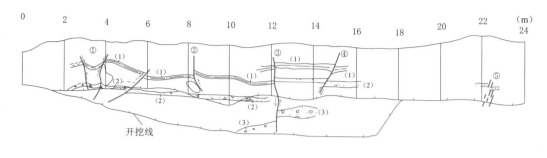

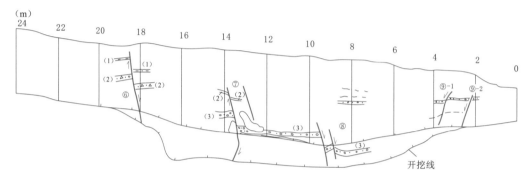

图 3.7－13 探槽（TCq01）素描图（上图为上游壁；下图为下游壁）

(1)—砖红色洪积泥质层；(2)—黄色洪积砂砾石层；(3)—灰-浅灰冲积砂砾石层；

①～⑨—探槽揭露断层

图 3.7－14 探槽崩坡积层（Q_4^{pl+col}）中的
冲断构造（下游壁 12.2～12.5m）

图 3.7－15 探槽崩坡积层（Q_4^{pl+col}）中的
正断构造（上游壁 18.3～18.5m）

逆断层还组合为背冲式构造（图 3.7－16、图 3.7－17）。探槽堆积物中节理规模不大，多零星分布在错动（断裂）附近，但在上游壁见密集发育（图 3.7－18），在 50cm 范围内发育有 7～8 条节理，长 0.5～1.2m；节理面产状为 N30°～40°E/SE∠65°～70°，节理面平整，具（剖面）剪节理特点。扰动（弯曲）变形在探槽中不太常见，规模小，一般出现在部分错动变形（断裂）消失端，或断层旁的牵引构造。

对该探槽加宽、加深，①、⑦、⑧等断层明显下延到了一级阶地河床相砾石层中。

对探槽物质进行取样测年（图 3.7－12），较好地控制了断层活动时代：

图 3.7 - 16 探槽中的背冲式断层（下游壁 12.5～15m）

图 3.7 - 17 探槽中的逆冲变形（上游壁 3～4m）

图 3.7 - 18 探槽崩坡积层（Q_4^{pl+col}）中的节理构造（上游壁 22～22.5m）

U1层为残坡积层，土黄色含碎石土，夹大量植物根系，取黏土进行光释光（QZK-OSL-1）测年，其成果为（1.83±0.13）ka（图3.7-12），^{14}C（QZK-C-1）测年为（580±30）a B. P.。

U2层为灰色中粗粒坡洪积堆积物，分选差、磨圆差，夹泥质层；U2-1层为其底部紫色泥质层，偶含小碎石，一般厚5～10cm，为洪积物质，夹少许含碳屑层，该层颜色、成分较特殊，可作为断层断错的标志层，上下盘位错最大0.8m，对断层两盘含碳屑层取样进行^{14}C测年，上盘（QZK-C-2）、下盘（QZK-C-3）分别为（2.50±0.03）ka B. P. 及（2.38±0.03）ka B. P.。

U3层为澜沧江一级阶地沉积物，紫色砂卵砾石层，取砂样进行光释光（QZK-OSL-3）测年，其结果为（8.21±0.50）ka，^{14}C（QZK-C-4）测年为（4.16±0.03）ka B. P.。

上述测年与地质判断一致。探槽揭露的断层与平洞断层向上投影到地表位置一致，说明平洞中的基岩澜沧江断裂活动延伸到了上覆第四系全新统（Q_4）中。由此判断，曲孜卡乡河段澜沧江断裂可能具有全新世活动迹象。

3.8 发震能力评估

3.8.1 活动断裂发震能力判定方法

1. 判定方法

活动断裂发震能力的判定方法主要有历史地震法、构造类比法以及基于上述两种方法的经验统计关系法。

（1）历史地震法的基本原理是历史地震重复原则。在世界上许多大断裂带上曾多次发生过强烈地震，基于这样的观察事实，建立历史地震重复原则：即在一条断裂上曾经发生过的强震在未来还会发生。根据历史地震重复原则，只要断裂带有历史地震记载或古地震记录，就可以判定断裂的发震能力。

（2）构造类比法是基于已知条件的断裂的发震能力，类比推断具有相似或相同条件断裂的发震能力。如果已知某条断裂有历史地震记载或古地震记录，就可以判定其发震能力。根据该断裂形成的构造环境、规模、性质和活动性等条件，就可以类比推断具有与该断裂相同或相似条件的其他断裂也应该具备同样的发震能力。

（3）经验统计关系法是利用已知地震与活动断裂参数建立统计回归关系，如震级与破裂长度的$M-L$关系、震级与最大同震位错的$M-D$关系，根据这类经验公式可以较方便地评估活动断裂的发震能力。

2. 经验公式

鉴于澜沧江断裂地区地震事件缺乏，没有历史地震记录，历史地震法不适用于该断裂的发震能力判定。在现阶段工作基础上，未找到与该断裂相似的构造来进行类比，亦未有较好的断错数据或滑动速率进行约束，故仅采用地震震级与断层活动性参数的经验公式（$M-L$关系）判定活动断裂的发震能力，仅供参考。地震震级M与地表破裂长度L的经验关系（$M-L$关系）如下。

1）走滑断层的地震震级与地表破裂长度的经验关系：

Bonilla et al.（1984）$M=4.94+1.296\lg L$　　$\delta=0.193$（美国与中国）　　（3.8-1）

Wells et al.（1994）$M=5.16+1.21\lg L$　　$\delta=0.28$（全球范围）　　（3.8-2）

闻学泽（1995）　$M=5.117+0.579\lg L$　　$\delta=0.21$（中国西部）　　（3.8-3）

邓起东 等（1992）　$M=5.92+0.88\lg L$　　　（青藏高原）　　（3.8-4）

2）逆断层的地震震级与地表破裂长度的经验公式：

Bonilla et al.（1984）$M=5.71+0.916\lg L$　　$\delta=0.27$（美国与中国）　　（3.8-5）

Wells et al.（1994）$M=5.00+1.22\lg L$　　$\delta=0.28$（全球范围）　　（3.8-6）

3）逆走滑断裂（全类型断裂拟合）的拟合公式：

Wells et al.（1994）$M=5.08+1.16\lg L$　　$\delta=0.28$（全球范围）　　（3.8-7）

3.8.2　澜沧江断裂带震级评估

如上节所述，活动断裂发震能力判定有多种计算公式，研究区澜沧江断裂主要运动方式为逆冲—走滑或走滑—逆冲，本研究认为采用式（3.8-7）较为合适。计算式中的参数 L 表示未来强震的破裂长度。研究区一些全新世走滑活动断裂构成了未来地表破裂的阻碍区，它们影响到未来强震的破裂长度及计算结果。

澜沧江断裂北段的昌都段，以类乌齐断裂及郭庆—谢坝断裂为未来强震的破裂障碍区（边界条件），长度 146km。南段的芒康段，考虑到澜沧江断裂带被谢坝断裂和色木雄断裂左旋错断，可以认为以上两条断裂作为未来地表破裂的阻碍区，将其分为两个次级段，北部次级段为谢坝断裂以南、色木雄断裂以北的地段，可称为巴日段，长度 73km；由于盐井以南，澜沧江断裂不具活动性，因此色木雄断裂以南、盐井一带为南部次级段，可以称为曲孜卡段，长度为 120km。

据式（3.8-7）可估算出未来昌都段、巴日段、曲孜卡段可能地震震级分别为（7.59±0.28）级、（7.24±0.28）级及（7.28±0.28）级。

由于历史上澜沧江断裂带未记载有超过 7 级地震发生，按照中国地震动参数区划图划分潜源的一般原则和经验进行综合判断认为，澜沧江断裂南段具备 7.0～7.5 级地震潜在发震能力，北段具备 7.5 级左右地震潜在发震能力。

3.9　澜沧江断裂带研究进展

本章介绍澜沧江断裂带的组成、展布、各分支断裂活动性，重点介绍东支澜沧江断裂的几何学特征、构造演化、分段及各分段活动性，并评估了各分段的地震潜在发震能力。

（1）澜沧江断裂带由西支、中支及东支组成。西支、中支断裂为澜沧江结合带西、东边界断裂，分别称察浪卡断裂及加卡断裂。东支为澜沧江断裂亦即竹卡断裂，该断裂为开心岭—杂多—竹卡陆缘岩浆弧与昌都—思茅盆地的分界。三条断裂组合成总体向西倾斜、向东推覆的叠瓦构造，由于不同地段推覆距离差异，构成分支复合的断裂带。

（2）通过地形地貌、第四系覆盖层状态、断层岩性状及年龄测试分析，结合地震、地热、地质灾害分布特征等综合研判认为，澜沧江断裂带中支断裂（加卡断裂）、西支断裂（察浪卡断裂）为早-中更新世断裂，不属于活动断裂。

（3）澜沧江断裂带东支断裂（竹卡断裂）是澜沧江断裂带中最重要的分支断裂。变形强烈，走向、倾向变化较大，内部结构复杂，次级断层发育。断裂对西部（盘）的岩浆活动及东部（盘）盆地发育均有控制作用。澜沧江断裂经历过复杂的多期次构造变形，印支期以韧性变形（推覆）为主，燕山—喜马拉雅期叠加了脆性变形。第四纪中晚期以来，受印度板块持续北东向推挤，青藏高原东南缘产生一系列新构造及活动构造变形，除老断层活动外，还产生一系列北西向左行、北东向右行活动断层。昌都地区位处东构造结外缘地段，受到印度板块持续向北东向推挤的影响，构造运动方式转换，早期呈北北西~北西向展布构造线改变为向北东方向突出的弧形构造。新近纪晚期—第四纪早期，研究区主要断裂总体以逆冲兼右行逆冲为主，受东构造结变形影响，弧形构造西翼，即吉塘—昌都一线以西的断裂由逆冲运动转换为左旋走滑，以南的构造由以逆冲为主兼右行走滑。

（4）通过典型露头对断裂反复追索、跨越调查，根据地形地貌及第四系变形、遥感解译、微地貌测量、探槽开挖、钻孔分析及年龄测试等综合手段研究，依据断裂几何学特征、运动学特征、变形特征、活动性特征及边界条件等标志（差异性），首次厘定澜沧江断裂具有分段性：主松洼以北为昌都段，整体为晚更新世活动断裂，吉塘等局部段存在全新世活动迹象；主松洼以南为芒康段，未发现整体活动的证据，总体为早-中更新世断裂，但在曲孜卡局部地段存在晚更新世以来的活动迹象。依据边界条件及活动性差异，进一步划分出若干亚段：昌都段进一步分为拉普亚段、吉塘亚段；芒康段进一步划分为班达亚段、曲孜卡亚段及德钦亚段。研究区主要涉及吉塘亚段、班达亚段及曲孜卡亚段。吉塘亚段主要为晚更新世断层，吉塘镇局部地段具有全新世活动迹象；班达亚段主要为早-中更新世断裂；曲孜卡亚段总体为早-中更新世断裂，但在由北北西向北东向转折的局部段存在晚更新世以来的活动迹象。澜沧江断裂在主松洼以南段具备7.0~7.5级地震潜在发震能力，主松洼以北段具备7.5级左右地震潜在发震能力。

第 4 章

澜沧江上游河段断裂特征与活动性

澜沧江上游地处青藏高原东南缘，跨越班公湖—怒江结合带、澜沧江结合带，大地构造、地震构造背景复杂，新构造、活动构造发育，地震活动强烈。澜沧江上游河段除区域性大断裂——澜沧江断裂外，各河段内不同方向、不同级别、不同性质的次一级断裂也较发育，它们对水电工程地质具有一定影响。因此，它们也是本研究的重要内容。通过大量地质调查及前人资料，澜沧江上游河段发育具有一定规模的断裂28条，其中早-中更新世及前第四纪断裂有24条，晚更新世活动断裂2条，全新世活动断裂2条，详见表4.0-1。

表4.0-1　　　　　　　　　　　　　　　　澜沧江上游主要断裂特征表

断裂编号	断裂名称	走向/倾向	断裂性质	活动时期	控制长度/km
F_9	察浪卡断裂	NW/SW	逆冲	中更新世（Q_2）	澜沧江结合带西界，>340
F_{10}	加卡断裂	NW/SW	逆冲	早-中更新世（Q_{1-2}）	澜沧江结合带东界，190
F_{11}	澜沧江断裂	NW/NE（SW）	左行走滑＋逆冲	卡贡以北为晚更新世（Q_3），卡贡以南为中更新世（Q_2）为主，断裂由北北西向北东转折的局部位置见新活动迹象	曲孜卡：探槽开挖揭示有全新世活动迹象；>394
F_{12}	灵芝河—加尼顶断裂	NW/SW	逆冲	早-中更新世（Q_{1-2}）	>95
F_{21}	郭庆—谢坝断裂	NWW/NNE	左行走滑断层	全新世（Q_4）	122
F_{22}	色木雄断裂	NWW/SSW	左行走滑断层	全新世（Q_4）	50
F_{23}	小昌都断裂	NE/NW（SE）	右行走滑—逆冲	中更新世（Q_2）	52
f_{29}	美玉断裂	SN/W	不明	晚更新世（Q_3）	59
f_{30}	巴牙断裂	NW/NE	逆冲	早-中更新世（Q_{1-2}）	>210
f_{31}	学对断裂	NW/NE（SW）	逆冲	早-中更新世（Q_{1-2}）	>22.0
f_{32}	西西断裂	NW/SW	正冲	晚更新世（Q_3）	>76
f_{33}	金达断裂	NW/SW（NE）	逆冲	早-中更新世（Q_{1-2}）	>44
f_{34}	惹绒断裂	NNW/NE	逆冲	早-中更新世（Q_{1-2}）	35
f_{35}	别钦卡断裂	NW/SW	逆冲	早-中更新世（Q_{1-2}）	>47
f_{36}	辛丸断裂	NW/NE（SW）	逆冲	中更新世（Q_2）	>45
f_{37}	卡诺断裂	NW/NE（SW）	逆冲	早-中更新世（Q_{1-2}）	21
f_{38}	江达断裂	NNW/NE（SW）	逆冲	中更新世（Q_2）	>105
f_{39}	学达断裂	NW/NE	逆冲	早-中更新世（Q_{1-2}）	70
f_{41}	嘎益断裂	NW/SW	逆冲	早-中更新世（Q_{1-2}）	42
f_{42}	左通断裂	NW/SW	逆冲	早-中更新世（Q_{1-2}）	>70
f_{43}	如美断裂	NW/SW	正断	早更新世（Q_1）	7.5

断裂编号	断裂名称	走向/倾向	断裂性质	活动时期	控制长度/km
f_{44}	脚巴山断裂	NNW/SWW	逆冲	早-中更新世（Q_{1-2}）	35
f_{45}	巴美断裂	NW/SW	压性逆冲	中更新世（Q_2）	67
f_{46}	老然断裂	NW/NE	逆冲	早更新世（Q_1）	55
f_{47}	多吉额断裂	SN/W	逆冲	中更新世（Q_2）	26
f_{48}	明波拉西断裂	SN/W	逆冲	早-中更新世（Q_{1-2}）	33
f_{49}	西曲河—金州断裂	NW/NE	逆冲	早-中更新世（Q_{1-2}）	>31
f_{50}	觉龙断裂	NE/NW	压扭性	中更新世（Q_2）	>32

下面，将分别对澜沧江上游各河段主要断裂发育特征及活动性进行阐述，以便为工程控制、影响、制约及适应性研究提供依据。

4.1　侧格村河段断裂特征与活动性

侧格村河段北西向断裂构造比较发育，主要为 6 条北西向断裂：金达断裂、澜沧江断裂、别钦卡断裂、辛丸断裂、卡诺断裂、江达断裂（表 4.1-1）。其中，澜沧江断裂为晚更新世活动断裂，其余断裂为早-中更新世断裂。

表 4.1-1　　　　　　　　　　　侧格村河段断裂统计表

断裂名称	走向/倾向	断裂性质	活动时期
金达断裂	NW/SW（NE）	逆冲	早-中更新世（Q_{1-2}）
澜沧江断裂	NW/NE（SW）	左行走滑—逆冲	晚更新世（Q_3）
辛丸断裂	NNW/NE（SW）	逆冲	中更新世（Q_2）
卡诺断裂	NW/NE（SW）	逆冲	早-中更新世（Q_{1-2}）
江达断裂	NNW/NE（SW）	逆冲	中更新世（Q_2）
别钦卡断裂	NW/SW	逆冲	早-中更新世（Q_{1-2}）

1. 金达断裂（f_{33}）

断裂位于侧格村河段区域西南部，发育在左贡地块内部基底中，断裂总体走向北西，倾南西或北东，倾角较陡，控制长度大于 44km。断裂北西段发育在古-中元古界吉塘岩群（$Pt_{1-2}J$）变质基底岩系中，构造岩主要为糜棱岩，后期叠加部分碎斑岩，胶结紧密，未见错断第四系及地貌等现象。

综合分析认为金达断裂为早-中更新世断裂。

2. 澜沧江断裂（F_{11}）

断裂位于侧格村河段区域西南部，总体走向北西，倾向南西，倾角 $40° \sim 70°$，在侧格村河段具有一定活动性。断裂活动性的详细描述见第 3 章 3.4 节、3.5 节。

3. 辛丸断裂（f_{36}）

断裂位于侧格村河段区域西部，发育在昌都—兰坪前陆盆地内部的西缘，总体由 2～

3条次级断层组成。断层走向北北西,倾向北东或南西,倾角较陡。断层上下盘均为三叠—侏罗系地层,地层断距不大,主要为逆断层性质。

吉塘乡底吾村东2km公路边断层调查点,断层上覆全新世残积壤土层未见构造变形迹象。吉塘乡北约4km老214国道旁断裂调查点,断层上覆全新世残积黏土层未见任何构造变形迹象。吉塘乡北见断层出露点,断层角砾岩胶结较坚硬,断层上覆全新世壤土层未见任何构造变形。昌都西北俄洛乡兰泥坝村公路边见昂曲河左岸 T_2 阶地砂砾石层与侏罗系上统泥岩呈断层接触,断层碎裂岩胶结较好,有一定强度,砂砾石层二元结构清晰,层理明显。在北段昌都西约3km处,断层通过之处未见新活动迹象(图4.1-1)。

图4.1-1 辛丸断裂露头特征

(昌都西,镜向W)

结合上述多个断层调查点成果,综合分析认为辛丸断裂晚更新世以来不活动。

4. 卡诺断裂(f_{37})

断裂位于侧格村河段区域中西部,控制长度21km。断裂总体走向北西,倾向北东,倾角30°~80°,卫星影像上具有一定的线性特征,但断层地貌不明显。

南生格村附近澜沧江右岸一组共轭断层出露于侏罗系中统石英砂岩、泥岩之中,断层面产状分别为N25°W/NE∠37°、N46°W/NE∠88°,其中北西侧断层发育厚2~3cm的棕黄色次生断层泥,断层泥胶结差、松软。断层未错断上覆第四系覆盖层。

卡诺断层规模不大,综合分析认为不具活动性,其活动时代为早-中更新世(Q_{1-2})。

5. 江达断裂(f_{38})

断裂展布于侧格村河段区域东部,控制长度大于105km。总体走向北北西,倾向北东,倾角较陡。断裂沿线岩石破碎,挤压片理化带等发育,卫星影像上线性特征清晰,表现为逆断层性质。

在屯巴村附近断层调查点,可见断层破碎带胶结较好,有一定强度,且断层上覆中-上更新统覆盖层未被错动。这说明断层无活动性。

在拥屯村北东乡间公路旁断层调查点,可见断层上覆晚更新世—全新世覆盖层未被错动(图4.1-2)。

结合上述多个观察点,综合分析认为江达断裂晚更新世以来不活动。

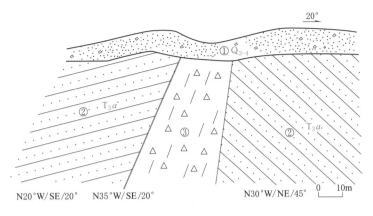

图 4.1 - 2　拥屯村北东公路旁江达断层剖面图
①—残坡积黏土含碎石；②—上三叠统粉砂岩；③—断层及碎裂岩带

6. 别钦卡断裂（f_{35}）

断裂展布于侧格村河段区域西南部，控制长度大于 47km，发育于昌都—兰坪前陆盆地西缘，紧邻澜沧江断裂，由数条平行展布的断层组成。总体走向北西，倾向南西或北东，倾角较陡。断层表现为逆断层。断层带中发育构造角砾岩、碎斑岩等，胶结紧密。断层带通过地段未见错断第四系和活动构造地貌标志（图 4.1 - 3），故认为该断裂晚更新世以来不活动。

图 4.1 - 3　别钦卡断裂地貌特征（镜向 W）

4.2　约龙村河段断裂特征与活动性

约龙村河段共发育 8 条北西向断裂，即金达断裂、酉西断裂、察浪卡断裂、澜沧江断裂、卡诺断裂、别钦卡断裂、巴牙断裂、学对断裂，3 条北北西向断裂，即辛丸断裂、江达断裂、惹绒断裂（表 4.2 - 1）。其中，酉西、澜沧江断裂为晚更新世活动断裂，其余为早-中更新世断裂。

表 4.2 - 1　　　　　　　　　　　　约龙村河段断裂统计表

断裂名称	走向/倾向	断裂性质	活动时期
金达断裂	NW/NE	逆冲	早-中更新世（Q_{1-2}）
酉西断裂	NW/SW	正断	晚更新世（Q_3）
察浪卡断裂	NW/SW	逆冲	中更新世（Q_2）
澜沧江断裂	NW/SW	左行走滑—逆冲	晚更新世（Q_3）
辛丸断裂	NNW/NE（SW）	逆冲	中更新世（Q_2）
卡诺断裂	NW/NE（SW）	逆冲	早-中更新世（Q_{1-2}）

断裂名称	走向/倾向	断裂性质	活动时期
江达断裂	NNW/NE（SW）	逆冲	中更新世（Q_2）
惹绒断裂	NNW/NE	逆冲	早-中更新世（Q_{1-2}）
别钦卡断裂	NW/SW	逆冲	早-中更新世（Q_{1-2}）
巴牙断裂	NW/NE	逆冲	早-中更新世（Q_{1-2}）
学对断裂	NW/NE（SW）	逆冲	早-中更新世（Q_{1-2}）

1. 酉西断裂（f_{32}）

该断裂位于约龙村河段区域西南部，断裂控制长度大于 76km。断裂发育在左贡地块基底岩系内，是古-中元古界吉塘岩群（$Pt_{1-2}J$）变质结晶基底与新元古界酉西岩群（Pt_3Y）变质褶皱基底的分界断裂，与晚三叠世花岗岩构成东达山岩浆弧。

断裂总体走向北西，倾南西，倾角较陡。断裂卫星影像上线性特征较明显，发育断层三角面、线性槽地等新活动迹象。

在浪拉南东 5km 公路边发育第四纪断层剖面，剖面上出露三条北西向小断层（图4.2-1、图 4.2-2），F_1 产状 N20°W/SW∠70°，F_2 产状 N20°W/SW∠80°，F_3 产状 N40°W/NE∠70°，F_2 和 F_3 形成一个崩积楔。F_1 断面附近发育灰黄色厚 1～2mm 的断层泥，较松软。断层断错洪积砾石层，经取样做电子自旋共振（ESR）测年，断层泥年龄为（60±5）ka，属晚更新世，表明断裂晚更新世以来有过活动。

图 4.2-1　浪拉南东 5km 公路边断层剖面（镜向 NW，图 4.2-2 为其剖面素描图）

在吉塘镇西酉西村附近酉西断裂通过部位见温泉（卓玛温泉）出露，温泉水温最高达82℃。可能与断裂活动有关。

综合上述资料分析认为酉西断裂为晚更新世（Q_3）活动断裂。

2. 学对断裂（f_{31}）

断裂发育在约龙村河段区域左贡地块内，是左贡地块内部一条重要的断裂，为地块基底岩系和沉积盖层的分界断裂，断裂东盘大量出露古-中元古界吉塘岩群（$Pt_{1-2}J$）、新元古界酉西岩群（Pt_3Y）变质基底，西盘出露上三叠统甲丕拉组（T_3j）、波里拉组（T_3b）、阿堵拉组（T_3a）等沉积盖层。

断裂出露于西南部，控制长度约 22km。断裂呈北西向展布，总体倾向南西，倾角较

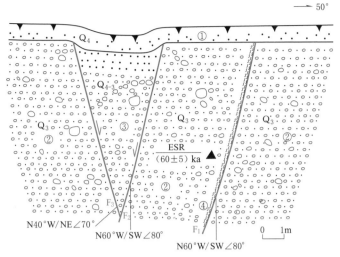

图 4.2 - 2　浪拉南东 5km 公路边酉西断层剖面

①—土壤；②—洪积卵砾石层；③—崩积楔；④—灰黄色断层泥；▲—测年取样位置

陡，表现为逆断层，基底岩系逆冲到沉积岩之上。断层破碎带中主要为粗糜棱岩，部分构造角砾岩及碎粉岩，固结良好，不发育断层泥，沿断裂也未发现错动第四系迹象，新构造地貌特征不明显，判断其为早-中更新世断层。

3. 察浪卡断裂（F_9）

察浪卡断裂为澜沧江结合带西边界断裂，是规模较大的区域性断裂，呈北北西～南南东向纵贯全区，展布于约龙村河段区域中南部。断裂在河段附近出露完好，构造变形特征清晰，不具活动性。断裂活动性的详细描述见第 3 章 3.2 节。

金达断裂、澜沧江断裂、辛丸断裂、卡诺断裂、江达断裂、别钦卡断裂详见 4.1 节；惹绒断裂、巴牙断裂详见 4.3 节。

4.3　卡贡村河段断裂特征与活动性

卡贡村河段北西向断裂构造发育，共发育江达断裂、酉西断裂、辛丸断裂、察浪卡断裂、加卡断裂、学达断裂、巴牙断裂、学对断裂 8 条北西向断裂，发育澜沧江断裂、郭庆—谢坝断裂、惹绒断裂 3 条北北西向断裂，以及南北向美玉断裂（表 4.3 - 1）。其中，澜沧江断裂、酉西断裂、美玉断裂为晚更新世活动断裂，郭庆—谢坝断裂为全新世活动断裂，其余断裂均为早-中更新世断裂。

表 4.3 - 1　　　　　　　　　　　　卡贡村河段断裂统计表

断裂名称	走向/倾向	断裂性质	活动时期
江达断裂	NW/NE	逆冲	中更新世（Q_2）
澜沧江断裂	NNW/NE（SW）	左行走滑—逆冲	晚更新世（Q_3）
酉西断裂	NW/SW	正断	晚更新世（Q_3）
辛丸断裂	NW/SW	逆冲	中更新世（Q_2）

续表

断裂名称	走向/倾向	断裂性质	活动时期
察浪卡断裂	NW/NE	逆冲	中更新世（Q_2）
加卡断裂	NW/SW	逆冲	早–中更新世（Q_{1-2}）
学达断裂	NW/NE	逆冲	早–中更新世（Q_{1-2}）
郭庆—谢坝断裂	NWW/NNE	左行走滑	全新世（Q_4）
美玉断裂	SN/W	不明	晚更新世（Q_3）
巴牙断裂	NW/NE	逆冲	早–中更新世（Q_{1-2}）
学对断裂	NW/NE（SW）	逆冲	早–中更新世（Q_{1-2}）
惹绒断裂	NNW/NE	逆冲	早–中更新世（Q_{1-2}）

1. 加卡断裂（F_{10}）

加卡断裂为澜沧江断裂带中支，是规模较大的区域性断裂，呈北北西～南南东向纵贯全区。断裂在卡贡村附近出露良好，晚更新世以来不活动。断裂活动性的详细描述见第3章3.3节。

2. 学达断裂（f_{39}）

断裂位于卡贡村河段区域东南部，断层总体走向北西波状延伸，倾北东，倾角较陡，断裂位于澜沧江结合带内部，主要切割了下石炭统卡贡岩组（C_1k）、古近系贡觉组（Eg）等地层和晚三叠世花岗岩侵入体，表明断裂形成于喜山期，结合遥感影像调查，未见明显的断层三角面等。综合分析断裂沿线地质、地貌特征等，认为学达断裂为早–中更新世（Q_{1-2}）活动断裂。

3. 郭庆—谢坝断裂（F_{21}）

郭庆—谢坝断裂是一条区域性全新世左行走滑活动断裂，断裂在卡贡村附近自西向东分布，止于察雅县卡贡乡附近。在谢坝附近，断裂出露良好，构造特征（尤其新构造特征）清晰、典型。断裂活动性的详细描述见第2章2.4.10小节。

4. 美玉断裂（f_{29}）

断裂分布于卡贡村河段区域西部，沿美玉河谷东侧展布，断层走向北北西～近南北，倾向西，倾角$50°\sim60°$；断层东盘为上三叠统甲丕拉组（T_3j），西盘为上三叠统阿堵拉组（T_3a）、波里拉组（T_3b）。断裂性质不详。

断裂顺美玉河谷呈南北向线状展布（图4.3-1），虽然沿断裂平直河谷，但经反复调查，未发现断层断错晚第四纪地层或地貌面的现象，主要是侵蚀地貌。综合分析认为断裂不具活动性。

图4.3-1　美玉断裂地貌特征（美玉河谷，镜向E）

5. 巴牙断裂（f_{30}）

断裂分布于卡贡村河段区域西部，发育在左贡地块中。断裂走向北西，向北东陡倾，为逆断层。断层南、北段两盘地层为上三叠统甲丕拉组（T_3j）；中段发育在上三叠统阿堵拉组（T_3a）中。断裂规模较大，局部断层破碎带宽度大于210m。断裂构造岩固结良好，不发育断层泥，活动断层地貌特征不明显，断裂带上覆及附近未发现第四系扰动或错断现象。综合断裂沿线地质及地貌现象，判断巴牙断裂为早-中更新世（Q_{1-2}）断裂。

6. 惹绒断裂（f_{34}）

断裂紧邻澜沧江断裂西侧，展布于左贡地块西缘。断层走向北北西，断层倾角较陡，时而东倾，时而西倾；断层东盘为组成左贡地块变质结晶基底的古-中元古界吉塘岩群（$Pt_{1-2}J$），西盘为晚三叠世花岗岩和组成左贡地块变质褶皱基底的新元古界酉西岩群（Pt_3Y）。断裂带宽十余米至数十米，带内构造岩主要由糜棱岩、初糜棱岩组成，显示强烈的韧性变形；断层构造岩胶结紧密，地表未见明显的活动地貌标志，故判断该断裂晚更新世以来不活动。

江达断裂、澜沧江断裂、酉西断裂、辛丸断裂、察浪卡断裂、学对断裂详见4.1节、4.2节。

4.4　巴日乡河段断裂特征与活动性

巴日乡河段北北西向断裂构造发育，察浪卡断裂、加卡断裂、澜沧江断裂、学达断裂、左通断裂、嘎益断裂为北西向断裂，色木雄断裂为北西西向断裂（表4.4-1）。其中，色木雄断裂为全新世活动断裂，其余均为早-中更新世断裂。

表 4.4-1　　　　　　　　　　巴日乡河段断裂统计表

断裂名称	走向/倾向	断裂性质	活动时期
察浪卡断裂	NW/SW	逆冲	中更新世（Q_2）
加卡断裂	NW/SW	逆冲	早-中更新世（Q_{1-2}）
色木雄断裂	NWW/SSW	左行走滑	全新世（Q_4）
澜沧江断裂	NW/SW	左行走滑—逆冲	中更新世（Q_2）
学达断裂	NW/NE	逆冲	早-中更新世（Q_{1-2}）
左通断裂	NW/SW	逆冲	早-中更新世（Q_{1-2}）
学对断裂	NW/NE（SW）	逆冲	早-中更新世（Q_{1-2}）
嘎益断裂	NW/SW	逆冲	早-中更新世（Q_{1-2}）

1. 色木雄断裂（F_{22}）

色木雄断裂是一条区域性全新世活动断裂。该断裂北西始于察雅县通不来西，向南东经通不来—色木雄—嘎益，穿过澜沧江延伸至芒康县嘎沙一带，长度约80km。该断裂的详细描述见2.4.11小节。

2. 左通断裂（f_{42}）

断裂呈北西向弯曲延伸，倾向南西，倾角40°～50°，主要宏观标志为两盘地层重复、缺失、地层不连续、中断错移等,工程区内长约 30km。断裂两盘出露地层为下侏罗统汪布组(J_1w)、中侏罗统东大桥组(J_2d)、上侏罗统小索卡组(J_3x);对新生代地层没有控制作用,表明断层形成于燕山期,且无新活动性。综合判断该断裂为早-中更新世断裂。

3. 嘎益断裂(f_{41})

分布于巴日乡河段区域南部,竹卡火山—岩浆弧西缘。断裂呈北北西向,波状平行于察浪卡断裂展布,倾向西,倾角 40°～70°。断层东盘由中二叠统东坝组(P_2d)碳酸盐建造和上二叠统沙龙组($P_3\hat{s}l$)基性火山岩建造组成,西盘为组成岛弧主体的中-上三叠统竹卡组($T_{2-3}\hat{z}$)中酸性火山岩建造。断层表现为自西向东的逆冲推覆。断层通过地段未见第四系错断及活动构造地貌,故认为嘎益断裂为早-中更新世断裂。

察浪卡断裂、加卡断裂、澜沧江断裂、学达断裂、学对断裂主要由北南延至研究区,其特征及活动性变化不大,详见 4.1～4.3 节。

4.5 如美镇河段断裂特征与活动性

如美镇河段主要发育 6 条断裂,主要为北西～北西西向走滑—逆冲断裂,分别为察浪卡断裂、加卡断裂、脚巴山断裂、澜沧江断裂、老然断裂及如美断裂,均为早-中更新世断裂(表 4.5-1)。

表 4.5-1 如美镇河段主要断裂统计表

断裂名称	走向/倾向	断裂性质	活动时期
察浪卡断裂	NNW/SWW	逆冲	早-中更新世(Q_{1-2})
加卡断裂	NNW/SWW	逆冲	中更新世(Q_2)
脚巴山断裂	NNW/SWW	逆冲	早更新世(Q_1)
澜沧江断裂	NW/SW	左行走滑—逆冲	中更新世(Q_2)为主
老然断裂	NW/NE	逆冲	早更新世(Q_1)
如美断裂	NW/SW	正断	早更新世(Q_1)

1. 察浪卡断裂(F_9)

察浪卡断裂为澜沧江断裂带西支断裂(澜沧江结合带西界断裂),位于西部,是区内重要的地质地貌分界线。断裂呈舒缓波状延伸,总体走向北北西(N30°W),倾向西,倾角 54°。断裂总体在晚更新世以来不活动。该断裂的详细描述见第 3 章 3.2 节。

2. 加卡断裂(F_{10})

加卡断裂位于如美镇河段区域西部,为澜沧江断裂带中支断裂(澜沧江结合带东界断裂),断裂走向北北西,倾向西,倾角 35°～50°。研究区澜沧江结合带边界断裂为早-中更新世断裂。该断裂的详细描述见第 3 章 3.3 节。

3. 脚巴山断裂(f_{44})

脚巴山断裂位于如美镇河段区域中西部,加卡断裂以东、澜沧江断裂以西,呈弧形舒缓波状延伸,全长 43km。断裂北段发育于三叠系地层中,西南盘中三叠统上兰组($T_2\hat{s}$)逆冲于东北盘中-上三叠统竹卡组($T_{2-3}\hat{z}$)之上,形成碎裂岩和糜棱岩化带;南段发育于二叠系与三叠系之间，走向 N25°E，倾向西，发育构造角砾岩和断续的糜棱岩（化）带，西北盘为上二叠统夏牙村组（P_3x）变质玄武岩、变质玄武质、凝灰岩和中三叠统变质砂岩、板岩及英安岩，逆冲于东北盘中-上三叠统竹卡组（$T_{2-3}\hat{z}$）之上。

在脚巴村见脚巴山断裂主断面（图 4.5-1）。断层下盘为中-上三叠统竹卡组（$T_{2-3}\hat{z}$）英安岩、流纹岩，夹凝灰岩及碎屑岩，熔岩中普遍具柱状节理；下部以碎屑岩为主，夹英安岩、绿泥阳起石岩。断层上盘为中三叠统上兰组（$T_2\hat{s}$），以灰、灰黑色板岩为主，夹变质砂岩、白云质粉晶大理岩。断层破碎带一般宽 3～5m，破碎带内主要发育构造透镜体和劈理化带，局部碳化。脚巴山断裂断层泥中不发育浅侵蚀类型的贝壳及次贝壳石英；中-强侵蚀类型的橘皮状石英占 13.30%；鳞片状、苔藓状石英占 70.00%；钟乳状、虫蛀状石英占 16.70%；未见锅穴状、珊瑚状石英（图 4.5-2、图 4.5-3）。说明以中-深侵蚀石英为主（橘皮状、鳞片状），反映上新世—早更新世具有活动性，中更新世以来不具活动性。断层岩电子自旋共振（ESR）测年结果表明断层最新活动时代为距今（125±9.5）ka，也说明该断层自晚第四纪以来不具活动性。

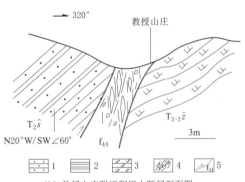

（a）野外断层宏观地貌，镜向NE　　　（b）教授山庄附近脚巴山断层剖面图

图 4.5-1　脚巴山断裂（f_{44}）构造特征
1—砂岩；2—板岩；3—英安岩；4—构造透镜体及劈理；5—脚巴山断层

在脚巴村旁的公路边，见断裂发育于三叠系砂岩中（图 4.5-4），断层破带宽 20 余米，断层走向 N12°W，倾向南西，倾角 65°左右，其上覆的耕土、砾石夹角砾层、砾石夹亚砂土层、亚黏土夹砾石层，层理稳定，未发生构造变形，其底部黏性土夹砾石层经热释光（TL）年龄测定为（234.34±22.16）ka，也表明断层在中更新世晚期以来无明显活动表现。综合地质地貌现象及测年结果，判断该断裂为早更新世断裂。

4. 澜沧江断裂（F_{11}）

澜沧江断裂活动时期为中更新世（Q_2）。有关该河段澜沧江断裂活动性的描述见第 3 章 3.4 节、3.6 节。

5. 老然断裂（f_{46}）

断裂呈舒缓波状延伸，向南、北延出区外，总体走向近南北，倾向东，倾角 35°～60°。

断裂发育于白垩系与石炭—二叠系之间，西盘为侏罗纪、白垩纪红层；东盘北段为晚古生代浅变质岩系，南段为晚三叠世碎屑岩、火山碎屑岩。沿断裂发育挤压破碎带、糜棱

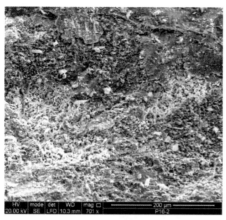

（a）虫蛀状石英

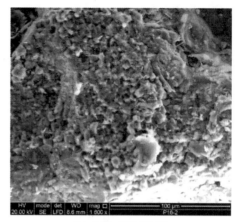

（b）虫蛀、鳞片状石英

图 4.5 - 2　脚巴山断层石英形貌

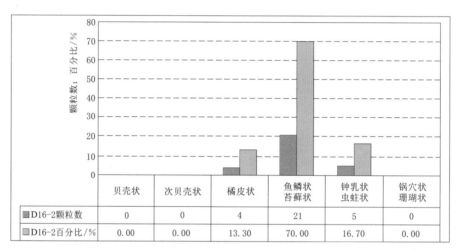

图 4.5 - 3　脚巴山石英形貌分布直方图

	贝壳状	次贝壳状	橘皮状	鱼鳞状苔藓状	钟乳状虫蛀状	锅穴状珊瑚状
D16-2颗粒数	0	0	4	21	5	0
D16-2百分比/%	0.00	0.00	13.30	70.00	16.70	0.00

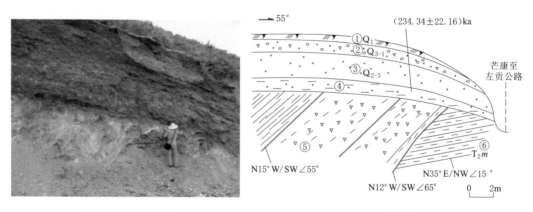

（a）断层剖面（镜向NW）

（b）素描图

图 4.5 - 4　脚巴村西侧公路边脚巴山断层（据云南省地震局）

①—耕土；②—砾石夹角砾层；③—砾石夹亚砂土层；④—亚黏土夹砾石层；

⑤—断层破碎带、角砾岩带、劈理带及片理化带；⑥—薄层状中三叠统砂质页岩

岩带和拖曳褶皱，见断层角砾岩、断层泥和擦痕，并有正长斑岩、花岗斑岩沿其分布，具走滑—逆冲运动特征。断裂中段西侧的芒康一带，因断裂向西逆冲，在中生代红层中形成向西倒转的让热向斜构造。向斜核部上白垩统虎头寺组（K_2h），翼部上白垩统南新组（K_2n）和下白垩统景星组（K_1j），长约 8km，东翼倒转，倾角 60°，轴面东倾。

在芒康县北东侧芒康—德荣公路边，断层出露于二叠系英安岩中。断裂走向为 N15°W，倾向南西，倾角 55°（图 4.5-5），断层两侧均为二叠系英安岩，破碎带宽约 15m，主要由角砾岩、碎裂岩组成。上覆地层的底部有一层亚黏土夹角砾层，该层经热释光（TL）测年为 (152.15 ± 13.86)ka，为中更新世晚期的地层，该层未被错开，表明断裂中更新世晚期以来活动迹象不明显。

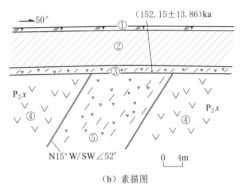

（a）断层剖面（镜向 NW）　　　　　　（b）素描图

图 4.5-5　老然断裂剖面
（芒康县北东芒康—德荣公路边）
①—耕土；②—黏性土；③—亚黏土夹角砾；④—二叠系英安岩；⑤—断层破碎带

在芒康县北东侧芒康—德荣公路边，与前点相距约 300m 的北东侧，断层出露于二叠系英安岩与白垩系砂岩中。断裂走向为 N30°W，倾向南西，倾角 70°～75°，断层东盘为二叠系英安岩，西盘为白垩系砂岩，破碎带宽约 10m，断层泥不发育，局部为挤压片理化带。断层上覆晚更新统地层未被错开。

野外调查未发现第四纪晚期堆积物或微地貌体被断层错动，从断裂规模、所处的构造位置和对地质地貌的控制作用，以及区域对比，判断老然断裂最新活动主要发生在第四纪早中期。综合判断该断裂为早更新世断裂。

6. 如美断裂（f_{43}）

如美断裂属竹卡断裂的次级断裂，规模很小，对地质地貌没有控制作用，是侏罗系内部与褶皱相伴生的小断层，为前第四纪断裂。断裂总长 6～7km，总体走向北西，倾向南西，倾角较陡。

在堆巴沟内，如美断裂出露于上侏罗统小索卡组（J_3x）和下白垩统景星组（K_1j）地层之间（图 4.5-6）。断层破碎带有上升泉发育（图 4.5-7），水流量较小，但温度较低，约 40℃。断层面产状为 N44°W/NE∠63°，发育倾向擦痕，断层破碎带见碎粒岩，胶结较好，表面被侵蚀析出黄白色硫化物。断层上盘景星组（K_1j）地层见牵引向斜，两翼产状为 N36°E/SE∠34°，N20°E/NW∠75°。根据断层面擦痕和牵引向斜可知该断层为正断层。

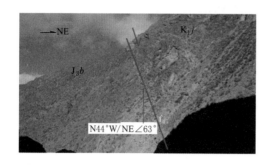

图 4.5 - 6　如美断裂野外露头（镜向 NW）　　　　图 4.5 - 7　断层带上升泉（镜向北西）

　　在如美断裂面附近采取断层碎屑物样品（G75B1），其石英形貌较简单，未见贝壳状、次贝壳状石英；橘皮状石英占比 36.7%；鳞片状、苔藓状石英占比 50%；钟乳状、虫蛀状石英占比 10%；锅穴状、珊瑚状石英占比 3.3%（图 4.5 - 8、图 4.5 - 9）。说明以中-深侵蚀石英为主（橘皮状、鳞片状、苔藓状），反映上新世—早更新世活动特征，中更新世以来不具活动性。断层岩电子自旋共振（ESR）测年数据表明断层的最新活动时代为距今（120.4±10.8)ka，也说明该断裂更新世以来不具活动性。

（a）鳞片状、虫蛀状石英　　　　　　　　　（b）苔藓状石英

图 4.5 - 8　堆巴沟如美断层石英形貌

　　在竹卡电站东侧沟内，断层出露于三叠系的英安岩与侏罗系砂岩接触处。断裂走向340°，倾向南西，倾角 70°～75°（图 4.5 - 10），断层东盘为侏罗系砂岩陡立带，西盘为三叠系的英安岩，破碎带宽约 25m，主要由角砾岩、碎裂岩、劈理带及片理化带组成，局部发育断层泥，断层泥胶结较坚硬，固结成岩，其热释光（TL）年龄测定为（544.36±43.57)ka，根据断层带的物质结构及断层泥胶结情况，推测断裂的活动主要发生在早更新世（云南省地震局）。

　　综合研究表明如美断裂（f_{43}）无活动性，主要表现在：虽然见水热活动，但水流量小、温度较低；断层破碎带胶结较坚硬，断层岩已固结成岩；如美断层碎屑物石英形貌类型较简单，不发育浅侵蚀类型的贝壳及次贝壳石英，以中-深侵蚀石英为主（橘皮状、鳞片状、苔藓状），反映上新世—早更新世活动特征，中更新世以来不具活动性。结合断层

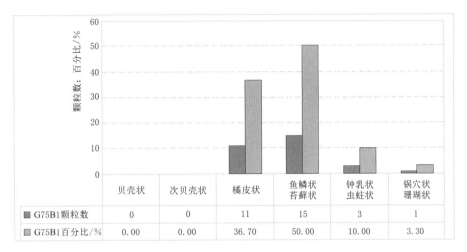

图 4.5 - 9　堆巴沟如美断层（样品 G75B1）石英形貌类型直方图

图 4.5 - 10　竹卡电站东侧沟内如美断层剖面（据云南省地震局）
①—中侏罗统砂岩；②—三叠系安山岩；③—断层破碎带

岩电子自旋共振（ESR）测年为（120.4±10.8）ka 也说明如美断裂中更新世以来不具活动性。综合判断如美断裂为早更新世断裂。

4.6　曲登乡河段断裂特征与活动性

曲登乡河段断裂构造以北西向为主，主要特征是走向近南北～北北西向的澜沧江断裂带由北至南纵贯附近，并被北东向的断裂右旋错切，并分布有一些飞来峰构造。附近断裂分别为察浪卡断裂、加卡断裂、澜沧江断裂、脚巴山断裂、巴美断裂等（表 4.6 - 1）。5条断裂均为早-中更新世断裂。

表 4.6 - 1　　　　　　　　　　曲登乡河段主要断裂统计表

断裂名称	走向/倾向	断裂性质	活动时期
察浪卡断裂	NW/SW	逆冲	早-中更新世（Q_{1-2}）
澜沧江断裂	NW/SW	左行走滑＋逆冲	中更新世（Q_2）
加卡断裂	NW/SW	压性逆冲	早-中更新世（Q_{1-2}）

续表

断裂名称	走向/倾向	断裂性质	活动时期
脚巴山断裂	NW/SW	逆冲	早-中更新世（Q_{1-2}）
巴美断裂	NW/SW	逆冲	中更新世（Q_2）

1. 察浪卡断裂（F_9）

察浪卡断裂为澜沧江结合带西边界断裂，该断层为早-中更新世断裂。其详细描述见第 3 章 3.2 节。

2. 澜沧江断裂（F_{11}）

澜沧江断裂由北向南贯穿近场区，其几何分布形态较复杂。断裂基本上沿澜沧江左岸展布，在加索拉巴附近，在主断面上取断层泥物质，经热释光（TL）法测定的年龄值为（153.40 ± 13.04）ka（图 4.6-1）。航卫片解译和实地调查，澜沧江断裂在穿越水系、冲洪积台地时均未影响到这些地貌单元的发育，未见到明显的线性断错地貌，断裂主要活动时期应在中更新世，为中更新世断裂。

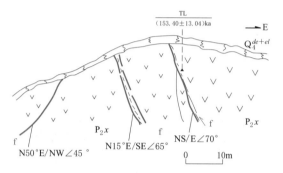

图 4.6-1 加索拉巴附近澜沧江断裂剖面图

P_2x—二叠纪安山岩；f—断面；▲—测龄样品采集位置

3. 加卡断裂（F_{10}）

加卡断裂为澜沧江结合带东边界断裂，位于澜沧江右岸，在嘎益村附近被色木雄断裂错断。研究认为加卡断裂为早-中更新世断裂。该断裂活动性的详细描述见第 3 章 3.3 节。

4. 脚巴山断裂（f_{44}）

脚巴山断裂位于澜沧江右岸，沿北西 20°方向延伸，起点在如美镇西北侧，终点在曲登乡附近、与加卡断裂交汇，总长约 22km。断面舒缓波状，发育碎裂岩、糜棱岩化带，断面倾向西，倾角约 40°。南西盘为中三叠统上兰组（$T_2\hat{s}$），北东盘为忙怀组（T_2m），为压性逆断层。结合 4.5 节中如美镇河段脚巴山断裂活动性的研究结果，综合判断该断裂在曲登乡河段为早-中更新世断裂。

5. 巴美断裂（f_{45}）

巴美断裂分布于近场区东部，近场区内为巴美断层的北段。断裂沿北北西向展布，倾向东~北东，倾角较陡，一般 $60°\sim70°$。断层两盘均为白垩系地层，但东盘地层相对较老，故断层表现为逆断层。沿断层有小规模的新近系拉屋组（N_2l）火山盆地分布，但未见第四系变形和活动构造地貌。综合分析认为巴美断层（北段）为中更新世断裂。

4.7 古学村河段断裂特征与活动性

古学村河段断裂构造比较复杂，不同方向、不同规模的断裂均较发育，以走向近南北～北北西向的澜沧江断裂带和金沙江断裂带为其主干断裂，而外还分布有一系列飞来峰构造。主要断裂有澜沧江断裂、小昌都断裂、灵芝河—加尼顶断裂、巴美断裂、西曲河—金州断裂、觉龙断裂、多吉额断裂等 7 条断裂（表 4.7-1），均为早-中更新世断裂。

表 4.7-1　　　　　　　　　　　　　古学村河段主要断裂统计表

断裂名称	走向/倾向	断裂性质	活动时期
澜沧江断裂	NW/SW	压性逆冲	中更新世（Q_2）
小昌都断裂	NE/NW（SE）	压扭性	中更新世（Q_2）
灵芝河—加尼顶断裂	SN/W（E）	压性逆冲	早-中更新世（Q_{1-2}）
巴美断裂	SN/E	逆冲	中更新世（Q_2）
西曲河—金州断裂	NW/NE	压性逆冲	早-中更新世（Q_{1-2}）
觉龙断裂	NE/NW	压扭性	中更新世（Q_2）
多吉额断裂	SN/W	压性逆冲	中更新世（Q_2）

1. 澜沧江断裂（F_{11}）

断裂由北向南贯穿古学村河段区域，断裂几何形态较复杂，在古学村附近与北东东向的小昌都断裂西端相交。该断裂在古学村河段为中更新世断裂，其活动性详细描述见第 3 章 3.4 节、3.7 节。

2. 小昌都断裂（F_{23}）

小昌都断裂分布在古学村河段区域中部，断裂总体走向北东。在小昌都村南垭口附近公路陡壁，断裂于三叠系小定西组玄武岩中见断裂良好露头，取断层泥采用热释光（TL）法测定的年龄值为（177.61±19.54）ka。在红拉山南麓，可见到多条断层露头，取断层泥采用热释光（TL）法测定的年龄值分别为（254.51±27.99）ka 和（216.15±18.37）ka。小昌都断裂在通过冲沟两侧台地、水系等地貌单元时，未出现新活动迹象。结合断层破碎带特征及其测龄结果，认为断裂最新活动时间在中更新世，为中更新世断裂。

3. 灵芝河—加尼顶断裂（F_{12}）

断裂呈近南北向展布在古学村河段区域东侧，断裂在平面上呈多条分支断层展布，断面呈枢纽状，倾西或东，倾角 60°～80°，在 318 国道海通附近，断裂断于中二叠统妥坝组（P_2t）碳质页岩夹砂岩地层中，形成宽度在 15m 左右的断层破碎带，取其灰黑色断层泥进行热释光（TL）法测试的年龄值为（198.97±16.91）ka。在穷波嘎曲附近，可见到断层东盘的泥盆纪白云岩、页岩逆冲到中二叠统交嘎组（P_1j）泥质白云岩之上，形成宽度约 25m 的破碎带，取断层泥样品，经热释光（TL）法测试的年龄值为（253.31±27.86）ka（图 4.7-1）。结合断错地层及测年结果，判断灵芝河—加尼顶断裂为早-中更新世断裂。

4. 巴美断裂（f_{45}）

巴美断裂展布于古学村河段区域中部，紧邻澜沧江断裂，平行分布于昌都—兰坪盆地西缘。断层呈近南北向，倾向东，倾角 30°～50°。断层东盘主要为上三叠统地层，而西盘主要为侏罗—白垩系，表现为自西向东的逆冲推覆构造。在勒龙共南 214 国道，断层有良

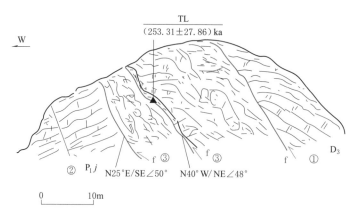

图 4.7 - 1　318 国道穷波嘎曲附近灵芝河—加尼顶断裂剖面图
①—泥盆纪白云岩、页岩；②—二叠纪泥质白云岩；③—断层破碎带

好的出露，断层上（东）盘为上三叠统小定西组（T_3x）安山玄武岩，下（西）盘为下白垩统红色细屑岩建造。断层带宽约 5m，带内发育安山玄武岩质构造角砾岩，沿构造带与围岩界面分布有厚 2～10cm 的碎粉—碎斑岩，断面上可见大量擦痕阶步构造，指示断层为逆冲。断层带中构造岩固结好，沿断层线无构造地貌标志。结合曲孜卡乡河段巴美断裂的地形地貌、断错地层及测年结果，经综合分析，推测巴美断层在古学村河段为中更新世断裂，不具活动性。

5. 西曲河—金州断裂（f_{49}）

断裂平行分布在灵芝河—加尼顶断裂东侧，断裂总体走向呈近南北向，倾西，局部偏转呈北北西或北北东向，逆断层性质。西曲河—金州断层断于中下三叠统马拉松多组（$T_{1-2}m$）流纹岩、安山岩与上白垩统景新组（K_2j）砂岩、泥岩之间，断层上覆残坡积层（Q^{el+dl}）未见构造变形迹象（图 4.7 - 2）。

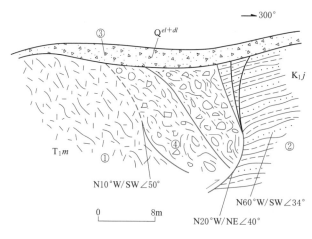

图 4.7 - 2　西曲河—金州断裂剖面
①—三叠纪流纹岩；②—白垩纪砂岩、泥岩；
③—第四纪残坡积层；④—三叠纪安山岩

在 318 国道灵芝桥附近，中二叠统妥坝组（P_2t）砂岩、砾岩和炭质页岩地层中见断裂露头，断层上覆冲洪积相砂砾石层（Q_4^{al+pl}）未见构造变形迹象（图 4.7 - 3）。

据室内航卫片解译及野外实地调查，沿断层走向未出现活动构造地貌。根据断层带结构特征、地质地貌表现及地震活动等，判定该断裂为早-中更新世断裂，不具活动性。

6. 觉龙断裂（f_{50}）

觉龙断裂大致呈北东向弯曲

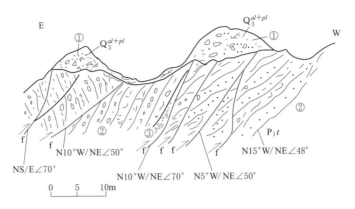

图 4.7-3　318 国道灵芝桥附近西曲河—金州断裂剖面图
①—晚更新世砂砾石层；②—二叠纪砂岩、砾岩和碳质页岩；③—断层破碎带

状展布在古学村河段区域东南部，断裂发育在中生代和晚古生代地层中，并切割了区内近南北向构造线。在小盐井北公路东壁，觉龙断裂断于上三叠统小定西组（T_3x）玄武岩、粗面岩中，形成多组压性破裂面，取断层泥采用热释光（TL）法测定的年龄值为（131.05±11.14）ka（图 4.7-4）。

据室内航卫片解译和野外实际调查，沿断层走向未见新活动的地质地貌证据，水系、台地在断层通过处发育正常。对断层带结构及其测龄结果进行综合分析，认为该断裂最新活动时期应在中更新世，为中更新世断裂。

7. 多吉额断裂（f_{47}）

多吉额断裂呈近南北向展布于古学村河段区域东部，断裂被北东向的小昌都—灯昌断裂和觉龙断裂所切割。在莫尼乡南公路陡壁处，于上三叠统阿堵拉

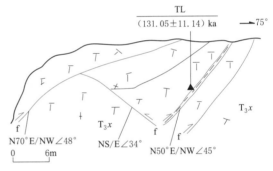

图 4.7-4　小盐井北觉龙断裂剖面图
T_3x—三叠纪玄武岩、粗面岩；f—断面；▲—测龄样品采集位置

组（T_3a）泥岩，砂岩地层中见到多吉额断裂露头，于主断面上取黑色断层泥物质经热释光（TL）法测定的年龄值为（153.40±13.04）ka。野外观察结合遥感影像分析，沿多吉额断裂走向未发现线性地貌，冲沟、水系流经断层处时亦未出现异常现象。

综合分析认为多吉额断裂为中更新世断裂。

4.8　曲孜卡乡河段断裂特征与活动性

曲孜卡乡河段断裂构造比较发育，北西向、近南北和北东向断裂均有分布，主要为加卡断裂、澜沧江断裂、巴美断裂、小昌都断裂、灵芝河—加尼顶断裂、西曲河—金州断裂、觉龙断裂、多吉额断裂等（表 4.8-1）。断裂多为早-中更新世断裂，根据探槽开挖揭示分析，澜沧江断裂局部具有全新世活动迹象。

表 4.8-1　　　　　　　　　　　　曲孜卡乡河段主要断裂统计表

断裂名称	走向/倾向	断裂性质	活动时期	备注
加卡断裂	NW/SW	逆冲	早-中更新世（Q_{1-2}）	澜沧江断裂：在由北北西转向北东向的曲孜卡乡局部河段，探槽开挖揭示具有全新世活动迹象
澜沧江断裂	NW/SW	右行走滑	早-中更新世（Q_{1-2}）为主	
巴美断裂	NW/SW	逆冲	中更新世（Q_2）	
小昌都断裂	NE/NW（SE）	右行走滑—逆冲	中更新世（Q_2）	
灵芝河—加尼顶断裂	NW/SW	逆冲	早-中更新世（Q_{1-2}）	
西曲河—金州断裂	NW/NE	逆冲	早-中更新世（Q_{1-2}）	
觉龙断裂	NE/NW	压扭性	中更新世（Q_2）	
多吉额断裂	SN/W	逆冲	中更新世（Q_2）	

1. 加卡断裂（F_{10}）

加卡断裂为澜沧江结合带东边界断裂，在研究区内延伸长度约 32km，断裂沿线未见断裂活动的地质地貌证据，判断该断裂为早-中更新世断裂。有关该断裂的详细描述见第 3 章 3.3 节。

2. 澜沧江断裂（F_{11}）

澜沧江断裂由北向南进入，在曲孜卡乡河段，澜沧江断裂于拉九西乡上游横跨澜沧江经右岸扎西央丁村进入澜沧江左岸，向南于澜沧江右岸加达村展布。扎西央丁村—曲孜卡一带断裂上盘主要为印支期花岗闪长岩，下盘为中侏罗统东大桥组（J_2d）紫红色砂泥岩。断裂总体走向北东，向北西陡倾。就区域而言，盐井以南、扎西央丁村以北，断层总体走向北北西，而恰在曲孜卡一带拐折为北东向。探槽及平洞揭露具有活动性。

综上所述，该断裂整体为早-中更新世活动，在曲孜卡一带具有全新世活动特征。有关澜沧江断裂在曲孜卡河段活动性更详细的描述见第 3 章 3.4 节、3.7 节。

3. 巴美断裂（f_{45}）

巴美断裂由北向南贯穿曲孜卡乡河段区域。遥感影像上，断裂的线性特征不清晰。地貌上，断层地貌不明显，实地调查未发现断层三角面、断层槽地等新活动迹象。在拉巴乡附近，见断裂断于印支期花岗质岩体和白垩纪砖红色泥岩、砂岩之间（图 4.8-1），断面上的断层泥物质经热释光（TL）法测定年龄值为（241±21）ka。

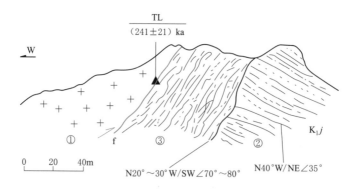

图 4.8-1　拉巴乡附近断裂剖面图
①—三叠系砂泥岩；②—构造劈理带；f—断层面；▲—测龄样品位置

在曲孜卡乡北东澜沧江左岸公路边，断层发育于中侏罗统东大桥组（J_2d）砾岩中，主断面清晰，断层产状为 N55°W/NE∠85°，沿断面产生宽约 0.4m 碎粉岩带，碎粉岩胶结紧密（图 4.8-2、图 4.8-3）。

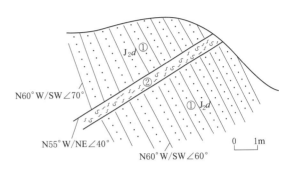

图 4.8-2　曲孜卡北东断层剖面（镜向 NW）　　　图 4.8-3　曲孜卡北东断层挤压片理化带

①—中侏罗统东大桥组砾岩；②—断层及片理化带

在盐井东南公路边，断层发育于上三叠统波里拉组（T_3b）泥岩和夺盖拉组（T_3d）砂岩中，采集断层碎粉岩做 ESR 测年，测年结果为（339±37）ka。见断层断错于上三叠统小定西组（T_3x）粗面岩和中侏罗统东大桥组（J_2d）砾岩中，取碎粉岩做电子自旋共振（ESR）的年龄值为（225±34）ka。结合断层物质胶结程度、地层覆盖关系、遥感影像、断层地貌特征及断层泥年龄测试等综合分析认为，该断裂为中更新世断裂。

4. 小昌都断裂（F_{23}）

小昌都断裂位于曲孜卡乡河段区域东北部，断裂走向北东，长度 22km，断裂基本上沿小昌都南的北东向冲沟展布。结合测年成果（见 4.7 节古学村河段小昌都断裂的描述）及地质地貌特征，综合判断小昌都断裂在曲孜卡河段为中更新世断裂，不具活动性。

5. 灵芝河—加尼顶断裂（F_{12}）

断裂呈近南北向展布在曲孜卡乡河段区域东侧，展布于加尼顶、勒学、撒米、哈扎、额曲，在哈扎乡附近被北东向的觉龙断裂右旋错切，后沿多吉额、说农延伸出附近区。断裂在平面上呈多条分支断层展布，断面呈枢纽状，倾西或东，倾角 60°～80°。结合古学村河段灵芝河—加尼顶断裂地质地貌调查及测年结果，综合判定该断裂在曲孜卡河段为中更新世断裂。

6. 西曲河—金州断裂（f_{49}）

断裂平行展布在灵芝河—加尼顶断裂东侧，由 2～3 条近乎平行的分支断层组成。总体走向呈近南北向，局部偏转呈北北西或北北东向，断面总体倾西，倾角 40°～70°，逆断层性质。结合古学梯级研究成果，根据断层带结构特征、地质地貌表现及地震活动程度等，综合判定西曲河—金州断裂亦不具备晚第四纪活动性，为早-中更新世断裂。

7. 觉龙断裂（f_{50}）

断裂大致呈北东向舒缓波状展布在曲孜卡乡河段区域中东部，断裂发育在中生代和晚古生代地层中，并切割了区内近南北向构造线。区内长约38km。结合古学村河段觉龙断裂的测年结果，根据断层带结构特征、地质地貌表现及地震活动程度等，综合判定该断裂最新活动时期应在中更新世。

8. 多吉额断裂（f_{47}）

断裂呈近南北向展布于曲孜卡乡河段区域东南部，由2条近乎平行的分支断裂组成，断裂连续性较差，多次被北东向的断裂所切割。断裂面总体倾西，显示逆掩运动特征，在断层上盘发育有典型的飞来峰构造。结合古学村河段多吉额断裂的测年结果，综合判定该断裂为中更新世断裂。

第 5 章

断裂活动性
与水电工程地质

5.1 断裂活动性与区域构造稳定性分级

区域构造稳定性是指工程建设地区在内动力为主的地质作用下，区域地质构造、断层活动、地震活动与地震危险性对工程场址稳定和安全的综合影响程度。

研究区域构造稳定性的目的，是为了选择相对稳定的地区作为工程建设场址。显然，区域构造稳定性分析评价具有十分重要的战略意义。近年来，随着国民经济建设的飞速发展，大型工程不断涌现，区域构造稳定性评价越来越受到人们的重视。核电站、大型水电站、高速公路、铁路等重要工程均要求进行区域构造稳定性评价。正确的区域构造稳定性评价成为工程能否建设或场址选择是否合理的重要因素之一。区域构造稳定性研究和评价，不仅是工程地质勘察中的一项基础地质工作，而且是决定工程可行性的重要地质问题。

区域构造稳定性分析、评价的影响因素较多，但主要是地质背景条件、地球物理场、地震特征、活动断裂、地壳形变、地热活动、地质灾害及场地岩土类型等。关于影响区域构造稳定性评价的因子，中国科学院地质与地球物理研究所相关科研人员（李兴唐，1987）曾提出 10 项因子：地壳结构与深断裂、活断层和地壳第四纪升降速率、叠加断层角、大地热流值、布格异常梯度值、地壳压强偏差值、地壳应变能量、地震最大震级、地震基本烈度、与地壳运动有关的地面形变；孙叶等（1997）提出 11 项因子；殷跃平等（1996）提出 6 项因子。这些因子中，有些很难取得可靠的资料，有些只能反映区域性的变化，对工程场区反映不敏感。

《水电工程区域构造稳定性勘察规程》（NB/T 35098—2017）提出了地震动峰值加速度、地震烈度、活动断层及工程近场区地震及震级 4 个易于取得的关键参数及 4 档分级标志（表 5.1-1）。

表 5.1-1 区域构造稳定性分级

参量	稳定性好	稳定性较好	稳定性较差	稳定性差
地震动峰值加速度 a	$a \leqslant 0.09g$	$0.09g \leqslant a < 0.19g$	$0.19g \leqslant a < 0.38g$	$a \geqslant 0.38g$
地震烈度 I	$< \mathrm{VII}$	VII	VIII	$\geqslant \mathrm{IX}$
活断层	25km 以内无活断层	5km 以内无活断层	5km 以内有活动断层，震级<5 级地震的发震构造	5km 以内有活动断层，震级≥5 级地震的发震构造
工程近场区地震及震级 M	具有 $M < 4.7$ 级的地震活动	具有 $4.7 \leqslant M < 6$ 级的地震活动	具有 $6 \leqslant M < 7$ 级的地震活动或不多于一次 $M \geqslant 7$ 级强震	有多次 $M \geqslant 7$ 级的强烈地震活动

上述区域构造稳定性分级中，均将活动断裂作为重要分级影响因素。尤其是水电行业标准，考虑到区域性活动断裂一般构成断块边界，历史上是强震多发部位，今后也可能发生强震。因此，在进行区域构造稳定性分级时，只要坝址周边5km范围内存在活动断裂，

区域构造稳定性应判别为差和较差；活动断裂距离坝址大于 5km 但小于 25km，判定为较好；大于 25km 时，则判定为好。目前在澜沧江上游布置的各梯级电站区域构造稳定性均为较差和差。

5.2 断裂活动性与地震动参数

活断层的存在及其与工程区的距离，是工程区区域构造稳定性分级重要指标，也是决定工程区地震动参数的重要因素。尤其是活动板块边界断裂对历史、现今和未来破坏性地震具有控制性作用。研究区河段位于青藏高原东南缘，喜马拉雅造山带东构造结外缘转折部位的昌都—思茅盆地，西侧紧邻开心岭—杂多—竹卡岩浆弧。澜沧江结合带是羌塘—三江造山带西缘的一条次级板块结合带，也是一条规模巨大的俯冲—碰撞造山带，西支（结合带西边界）为察浪卡断裂，中支（结合带的东边界）为加卡断裂。澜沧江断裂带东支断裂（竹卡断裂）是澜沧江断裂带中最重要的分支断裂，对西部（盘）的岩浆活动及东部（盘）盆地发育均有控制作用。研究区地震地质背景复杂，新构造、活动构造及地震活动均较强烈，历史地震最大影响烈度达Ⅷ度。据地震安全性评价或《中国地震动峰值加速度区划图》（GB 18306—2015），该区地震动峰值加速度为 $0.10g \sim 0.20g$。考虑到地震地质背景复杂，地震动参数高，建筑物抗震设计不容忽视，仍需结合地震安全性评价成果，认真对待这一重大工程地质问题，加强建筑物抗震设防措施。

5.3 断裂活动性与大坝抗断

前已述及，7 级以上强震往往会在地表造成数米的错动，横跨于活动断裂的建筑物和构筑物会产生严重破坏。人类设计建筑物还难以承受地震断裂巨大的破坏力。大型水电工程库容大，地震活动断裂引起地表破裂，导致的大坝失事会带来严重的次生灾害，大坝坝址必须离开活动断裂一定距离。

澜沧江断裂带由三条分支断裂组成，西支为察浪卡断裂，中支为加卡断裂，东支为澜沧江断裂。西支察浪卡断裂和中支加卡断裂分别展布于研究区西侧和南侧，两条断裂均不具活动性，且未通过各梯级场址区，各梯级枢纽建筑物也未跨越该断裂，不存在抗断问题。

东支即澜沧江断裂可以分为两段，以郭庆—谢坝断裂为界，以北为北段，称昌都段，以南为南段，称芒康段。昌都段（北段）北起类乌齐县以北君达附近，向南经昌都若巴乡、吉塘镇，止于谢坝断裂。总体为晚更新世活动断裂，吉塘等局部段存在全新世活动迹象。芒康段（南段）北部起于谢坝断裂南，经巴日乡、如美镇、曲孜卡乡，止于云南德钦—大具断裂北。澜沧江断裂南段未发现整体活动证据，但在北东向转折部位以及与北东向断裂交汇部位存在晚更新世以来的活动迹象，曲孜卡乡河段等局部存在全新世活动迹象。考虑到我国西部在 6.5 级以下的地震中，很少产生地表断错现象，所以在遭受一般地震时，不会出现地表断错，一旦遭受潜在最大震级（7.5 级）地震时，即具备地表断错的条件。澜沧江断裂北段及南段具有潜在发震能力上限分别为 7.5 级和 7.0～7.5 级，该断裂带具有发生地表断错的能力，但由于各梯级枢纽建筑物未跨越该断裂，故不存在抗断问题；仅在曲孜卡乡附近大坝可能存在抗断问题，已采取避让措施。

各河段内除澜沧江断裂带外，拟建各梯级水电站近场区、场址区还发育其他展布方向活动断裂，它们虽不属澜沧江断裂带，但其新活动性同样对大坝抗断存在影响。金达断裂、酉西断裂、美玉断裂为晚更新世活动断裂；色木雄断裂、谢坝断裂为全新世活动断裂，在遭受潜在最大震级（7.5 级）地震时，具备地表断错的条件。上述各条活动断裂均未通过拟建大坝坝基，不存在抗断问题，对建坝成库无制约。但对坝型、坝高的考量还是有一定的影响。

5.4　断裂活动性与地震地质灾害

5.4.1　地震地质灾害与历史地震关系分析

地质灾害的形成多与强震断裂活动有关，一般来说地震活动引起的地质灾害主要有崩塌、滑坡、地裂缝、地面塌陷、砂土液化等。1920 年 12 月 16 日，宁夏海原 8½ 级地震形成了难以计数的大规模黄土滑坡，发生严重滑坡的面积超过 3800km^2，滑坡堵塞河流沟谷，形成星罗棋布的堰塞湖。2008 年 5 月 12 日四川汶川发生特大地震，地震震级高达 8.0 级，地震诱发了大规模的滑坡、崩塌、堰塞湖等地震次生地质灾害，地震后地质灾害应急排查显示，四川省 39 个地震重灾县共有地质灾害隐患点 8060 处。

研究区内于 2013 年发生了左贡 6.1 级地震，根据震中附近遥感影像及地质调查，地震前后并无大规模的崩塌、滑坡发生，相比历史遭遇的强震分析，该次地震对巴日乡、如美镇的影响烈度分别为Ⅶ度和Ⅴ～Ⅵ度，巴日乡基本等于历史地震最大影响烈度，如美镇本次地震低于历史地震的最大影响烈度Ⅶ度。

根据历史地震与地质灾害关系分析，对侧格村、约龙村影响最大的历史地震为 1950 年察隅地震及 1951 年昌都地震，对卡贡村影响最大的历史地震为 1950 年察隅地震及 2013 年 8 月左贡地震；对巴日乡影响最大的历史地震为 1950 年察隅地震及 2013 年左贡地震；对如美镇、曲登乡、古学村、曲孜卡乡影响最大的历史地震为 1950 年察隅地震及 1870 年巴塘地震。

由于河段总体地形高陡，上述地质灾害可能与早期强震活动有关。

5.4.2　地震地质灾害类型分析

进行地震地质灾害分析，震级的选取是关键。考虑到水库蓄水后可能诱发的地震一般都在 5.0 级以下，小于区域潜在最大发震能力。根据前文的分析，澜沧江断裂带潜在发震能力上限为 7.5 级，因此地震地质灾害分析时，地震震级不超过 7.5 级。

根据对汶川地震、海原地震等的分析，地震地质灾害主要为地震作用引发的边坡崩塌、滑坡、地表破裂、砂土液化和地面变形等。

2013 年左贡地震，区内仅局部道路边坡产生塌滑及陡坡地带产生局部的崩塌失稳，对巴日乡的影响烈度是Ⅶ度，对如美镇的影响烈度是Ⅴ～Ⅵ度，均小于工程区基本烈度Ⅷ度。这说明在 6 级左右地震，影响烈度Ⅶ度以下时，区内仅会产生小规模的崩塌失稳，不会产生地表断错、大规模滑坡等地质灾害。

在遭遇区内震级上限 7.5 级地震时，可能的地质灾害主要是地表断错、崩塌、滑坡、砂土液化及软土震陷等。

（1）地表断错。研究区在澜沧江断裂带和其他方向断裂具全新世活动部位，在 7.5 级强震时沿断层可能产生地震地表破裂。

（2）崩塌。研究区处于澜沧江河谷内，为青藏高原地区，夏季干热少雨，冬季寒冷，岸坡零星分布灌木，生态脆弱，岩体物理风化卸荷强烈，岸坡高陡，坡表的碎裂松动岩体等在遭受 2013 年左贡 6.1 级地震时，烈度Ⅷ度区内已产生了局部崩塌或滑动失稳，若遭受 7.5 级地震，硬质岩的峡谷地带的崩塌范围会加大，是崩塌发生的主要地段。

（3）滑坡。研究区内主要分布碎屑岩和火成岩两类，其中碎屑岩地区因岩体风化强烈，浅表部的强风化岩体在早期地震等动力地质作用下，多堆积于谷底一带，形成了滑坡堆积体，而在硬质岩地区，岩体卸荷作用强烈，完整性较差，在遭受早期地震等作用下，曾产生过大规模的崩塌失稳，形成了大型崩塌堆积体。此类堆积体或滑坡体，一旦遭受 7.5 级地震时，可能产生规模不等的失稳。

（4）砂土液化和软土震陷。大坝地基中如果存在饱和砂土和粉土，在强震时会发生砂土液化；如果存在软土，会发生软土沉陷。这对上部建筑物均会产生不利影响。

5.4.3　地震地质灾害工程效应分析

澜沧江上游河段流域地质灾害总体发育，类型主要为滑坡、崩塌等，其中河段分布的大型崩塌堆积体，方量最大达 4000 万 m^3，工程影响较为显著。在软岩地区地形略为宽缓，岸坡岩体较易风化，强风化岩体受地震等内动力地质作用易产生滑坡，地质灾害类型主要是滑坡，堆积于河谷底部。在硬质岩地带地形高陡，岩体卸荷作用强烈，坡表多产生小规模的不稳定斜坡（碎裂松动岩体、堆积体）和崩塌，碎裂松动岩体和崩塌均位于河谷高位，堆积体主要是在强震时高位崩塌形成，有的曾发生过短暂的堵江。预计在 6.0 级左右地震，影响烈度Ⅷ度以下时，研究区内仅会产生小规模的崩塌失稳，不会产生地震地表破裂、大规模滑坡等地质灾害。在遭遇区内震级上限 7.5 级地震时，可能的地质灾害主要是地震地表破裂、滑坡、崩塌、砂土液化和软土震陷等。

强震时滑坡对水库的主要影响体现在两个方面：一是滑坡体滑动入河床，挤占河道，规模较大可能形成堰塞湖，溃坝后在下游形成超标洪水灾害；二是滑坡体快速滑入水库，形成涌浪，可能影响枢纽建筑物或居民安全。梯级布局应避开这些地段，同时需要有针对性地加深研究，并采取适当对策。对于距大坝工程较远的滑坡体、堆积体，失稳时会侵占部分河道，不影响居民，可以加强巡视观测。对于失稳影响居民的，应对其稳定性及影响进行深入评价，对居民点采取搬迁或防护处理。对于距坝较近的滑坡体、堆积体，失稳可能影响大坝安全，拟建工程施工前，需进行必要工程处理。枢纽工程区的崩塌、小规模的碎裂松动岩体，影响对象主要是施工人员、便道、枢纽建筑物，可采用局部清理、支护并结合主被动防护网的形式予以处理；对于枢纽工程区的堆积体，可采用局部开挖、强支护的形式处理。对地基可能存在砂土液化或软土震陷问题时，应选择挖除砂土、软土或进行适当工程处理。

第 6 章

进展与展望

6.1　进展

本书较为全面系统地归纳和总结了研究区澜沧江断裂带几何学、运动学特征，在断裂带的组成、展布、长度、规模、排列等特征，以及断裂分段、运动方式、位移量和最新活动时代等方面取得一定进展，在此基础上深入讨论了澜沧江断裂带对水电开发的影响及对策，取得了一系列重要进展。

（1）通过对澜沧江上游地区断裂及其活动性的研究发现，包括澜沧江结合带、金沙江结合带、班公湖—怒江结合带以及雅鲁藏布江结合带，它们虽然为板块缝合带（区域性深大断裂带），但经过长期的地质演化，它们已通过堆叠、焊接等作用转变为结合带，其总体已不具明显的活动性，仅在一些次级断裂［如玉曲断裂（怒江结合带东界次级断裂）］、与后期切割断裂交汇部位或产状急变的转折地段显示出一定的活动性（如澜沧江断裂曲孜卡段由近南北向转为北东向的局部地段）。

（2）澜沧江断裂带规模巨大，是青藏高原东南缘区域性深大断裂带之一。研究区内，澜沧江断裂带是由西、中、东三条分支断裂组成的复杂断裂带，其西支为察浪卡断裂，中支为加卡断裂，西支、中支分别为（北）澜沧江结合带的两条边界断裂。东支为澜沧江断裂（又称竹卡断裂），即竹卡陆缘岩浆弧与前陆盆地的分界断裂。三条断裂由西向东逆冲推覆，构成西～南西向陡倾叠瓦构造，且常具分支复合现象，在吉塘北、碧土南，三条分支断裂复合为一条断裂。平面上，研究区的澜沧江断裂带呈豆荚状展布。澜沧江断裂舒缓波状总体由北北西～北西向展布，基本转折为近南北向。澜沧江断裂常被北西西向断裂（如谢坝断裂、色木雄断裂）及北东向断裂（如小昌都断裂）切割错移。

（3）通过地形地貌、第四系覆盖层状态、断层岩性状及年龄测试分析等综合研究，首次提出澜沧江断裂带西支断裂（澜沧江结合带西边界断裂——查浪卡断裂）、中支断裂（澜沧江结合带东边界断裂—加卡断裂）为早-中更新世断裂，不属于活动断裂。

（4）通过遥感解译、地形地貌及第四系调查、微地貌测量、探槽开挖、年龄测试等综合手段研究，首次厘定澜沧江断裂分段及分段活动性。主松洼以北为晚更新世活动断裂，吉塘等局部段存在全新世活动迹象；主松洼以南未发现整体活动的证据，总体为早-中更新世断裂，但在曲孜卡局部段存在晚更新世以来的活动迹象。

（5）通过地震震中分布及澜沧江断裂带几何学特征综合分析发现，研究区地震分布较零散，破坏性地震及小震均未沿澜沧江断裂带呈线性展布，研究区澜沧江断裂带对地震活动的控制不明显。

（6）根据断裂与地震活动性资料，结合构造类比评估，澜沧江断裂南段具备7.0～7.5级地震潜在发震能力，北段具备7.5级左右地震潜在发震能力。

（7）澜沧江上游河段位于青藏高原东南缘，喜马拉雅造山带东构造结外缘转折部位的昌都—思茅盆地，西侧紧邻开心岭—杂多—竹卡岩浆弧，地质地震背景复杂，新构造及地震活动强烈，主要受外围强震影响，最大影响烈度达Ⅷ度。据地震安全性评价或《中国地震动峰值加速度区划图》，研究区内地震动峰值加速度为 $0.10g \sim 0.20g$，河段内个别部位发现断裂晚更新世活动迹象，区域构造稳定性为较差和差，需加强建筑物抗震设防措施，确保大坝安全。

研究区内绝大多数梯级水电工程建筑物与澜沧江断裂及其他活动断裂有一定距离，建筑物不存在抗断问题，仅在曲孜卡乡附近澜沧江断裂可能通过拟建大坝坝基。由于澜沧江断裂在该段个别点发现新活动性迹象，工程建筑物可能存在抗断问题，因而坝址选择应避开该断裂。

（8）澜沧江上游河段流域地质灾害总体发育，类型主要为滑坡、崩塌等，其中河段分布的大型崩塌堆积体，工程影响较为显著。在中硬岩、软岩地区，地质灾害类型主要是滑坡，堆积于河谷底部；在硬质岩地带，岩体卸荷作用强烈，坡表多产生小规模碎裂松动岩体、堆积体和崩塌。碎裂松动岩体和崩塌均位于河谷高位，堆积体主要是在强震时高位崩塌形成，有的曾发生过短暂的堵江。将来如果遭遇区内震级上限 7.5 级强震，可能的地质灾害主要是地表断错、崩塌、滑坡、砂土液化等。对距坝较远的滑坡体、堆积体，失稳时会侵占部分河道，如不影响居民，可以加强巡视观测；如失稳可能影响居民，应对其稳定性及影响进行深入评价，对居民点采取搬迁或防护处理。对在水库内距坝较近、现状已产生明显变形的滑坡体、堆积体，失稳可能影响大坝安全，甚至可能产生涌浪翻坝，拟建工程施工前，需进行必要工程处理，大坝应预留足够的坝顶超高，并加强监测。对地基中存在砂土液化或软土震陷时，应选择挖除砂土、软土或进行适当工程处理。

6.2　展望

通过资料收集、野外调研、样品测试等综合研究，对澜沧江断裂带组成、分布、规模、活动性，地震与断裂地震地质灾害发育特征等方面进行了深入剖析。在此基础上，提出了工程影响和对策措施，取得了一系列新的认识及进展，对指导澜沧江水电工程的开发与建设具有重要的意义。但区域构造稳定性仍有一些需要深入研究的问题，例如：断层活动性鉴定时，断层带物质的测年技术的适用条件较苛刻，需要消除样品采集、制备、数据分析等环节存在的不确定因素；活动断层安全避让距离；地震动的频率非平稳性的影响问题；强震时大型滑坡堰塞堵江溃决灾害链对流域安全影响系统评价方法与对策研究等。

我国西部地区地震地质背景、区域构造条件复杂，对涉及水电工程成败的区域构造稳定性分析评价，是一项"永远在路上"的重要基础性研究工作，值得我们共同关注，凝聚智慧，深化研究，增加共识，为确保大坝安全和流域安全作出应有的努力。

参 考 文 献

常廷改，胡晓，2018. 水库诱发地震研究进展［J］. 水利学报，49（9）：1109-1122.

陈富斌，赵永涛，1989. 攀西地区新构造［M］. 成都：四川科学技术出版社.

陈富斌，陈继良，徐毅峰，等，1992. 玉龙雪山-苍山地区第四纪沉积与层状地貌的新构造分析［J］. 地理学报，47（5）：430-440.

陈立春，王虎，冉勇康，等，2010. 玉树 M_S7.1 级地震地表破裂与历史大地震［J］. 科学通报，55（13）：1200-1205.

陈智梁，刘宇平，张选阳，等，1998. 全球定位系统测量与青藏高原东部流变构造［J］. 第四纪研究（3）：262-270.

崔之久，高全洲，刘耕年，等，1996. 夷平面、古岩溶与青藏高原隆升［J］. 中国科学（D辑：地球科学），26（4）：378-384.

邓起东，于贵华，叶文华，等，1992. 地震地表破裂参数与震级关系的研究［A］//活动断裂研究（2）. 北京：地震出版社.

丁国瑜，1982. 中国活断层研究近况（综述）［J］. 国际地震动态（10）：3-4，34-35.

丁国瑜，田勤俭，孔凡臣，等，1993. 活断层分段—原则、方法及应用［M］. 北京：地震出版社.

国家地震局震害防御司，1995. 中国历史强震目录：公元前23世纪—公元1911年［M］. 北京：地震出版社.

韩同林，P. 达包尔叶，R. 阿米尔饶，1987. 西藏申扎地区地震形变带及活动构造的初步考察［J］. 四川地震（4）：21-26.

李吉均，文世宣，张青松，等，1979. 青藏高原隆起的时代、幅度和形式的探讨［J］. 中国科学（6）：608-616.

李吉均，1999. 青藏高原的地貌演化与亚洲季风［J］. 海洋地质与第四纪地质，19（1）：3-5.

李兴唐，1987. 城市区域地壳稳定性评价原则［J］. 水文地质工程地质（6），17-22.

李亚林，王成善，伊海生，等，2005. 青藏高原新生代地堑构造研究中几个问题的讨论［J］. 地质论评，51（5）：493-501.

李渝生，易树健，蒋良文，等，2016. 川藏铁路澜沧江断裂应力形变及工程效应研究［J］. 铁道工程学报，33（5）：6-10，17.

林鹏，王仁坤，李庆斌，等，2009. 汶川8.0级地震对典型高坝结构安全的影响分析［J］. 岩石力学与工程学报，28（6）：1261-1269.

刘晓惠，许强，丁林，2017. 差异抬升：青藏高原新生代古高度变化历史［J］. 中国科学：地球科学，47（1）：40-56.

刘增乾，余希静，徐宪，等，1980. 青藏高原地质基本特征［J］. 中国地质科学院院报，2（1）：23-46.

马宗晋，张家声，汪一鹏，1998. 青藏高原三维变形运动学的时段划分和新构造分区［J］. 地质学报，72（3），211-227.

莫宣学，杨开辉，1993. 滇西南晚古生代火山岩与裂谷作用及区域构造演化［J］. 岩石矿物学杂志，12（4）：297-311.

唐荣昌，黄祖智，马声浩，等，1995. 四川活动断裂带的基本特征［J］. 地震地质，17（4）：390-396.

潘家铮，何璟主编；陈祖安卷主编. 中国水力发电工程：工程地质卷［M］. 北京：中国电力出版社，2000.

潘桂棠，王立全，张万平，等，2013. 青藏高原及邻区大地构造图及说明书（1∶1500000）［M］. 北京：地质出版社.

潘桂棠，丁俊，等，2004. 青藏高原及邻区地质图及说明书（1∶1500000）［M］. 成都：成都地图出版社.

林超，罗灼礼，等，1980. 四川地震资料汇编［M］. 成都：四川人民出版社.

孙尧，吴中海，安美建，等，2014. 川滇地区主要活动断裂的活动特征及其近十年的地震活动性［J］. 地震工程学报，36（2）：320-330.

孙叶，谭成轩，杨贵生，等，1997. 中国区域地壳稳定性定量化评价与分区［J］. 地质力学学报，3（3）：42-52.

王立全，潘桂棠，李定谋，等，1999. 金沙江弧—盆系时空结构及地史演化［J］. 地质学报，73（3）：206-218.

王立全，潘桂棠，丁俊，等，2013. 青藏高原及邻区地质图及说明书（1∶1500000）［M］. 北京：地质出版社.

王绍晋，秦嘉政，李忠华，等，2007. 澜沧江断裂带环境剪应力场与地震活动分析［J］. 地震研究，30（2）：127-132.

王新忠，强巴扎西，彭兴阶，2008. 藏东滇西澜沧江断裂带地质属性讨论［J］. 云南地质，27（3）：362-370.

汪素云，俞言祥，2009. 震级转换关系及其对地震活动性参数的影响研究［J］. 震灾防御技术，4（2）：141-149.

闻学泽，黄圣睦，江在雄，1985. 甘孜—玉树断裂带的新构造特征与地震危险性估计［J］. 地震地质，7（3）：23-32，81-82.

闻学泽，徐锡伟，郑荣章，等，2003. 甘孜—玉树断裂的平均滑动速率与近代大地震破裂［J］. 中国科学（D辑：地球科学），33（增1）：199-208.

吴庆举，曾融生，1988. 用宽频带远震接收函数研究青藏高原的地壳结构［J］. 地球物理学报，41（5）：669-679.

吴章明，曹忠权，申屠炳明，等，1992.1411年西藏当雄南8级地震发震构造［J］. 中国地震，8（2）：48-54.

西藏自治区地质矿产局，1991. 芒康幅H-47-（21）、盐井幅H-47-（27）1/20万区域地质图及说明书［R］. 全国地质资料馆.

西藏自治区地质矿产局，1992. 察雅县幅H-47-（14）、左贡幅H-47-（20）1/20万区域地质图及说明书［R］. 全国地质资料馆.

西藏自治区地质矿产局，1990. 洛隆幅H-47-（7）、昌都幅H-47-（8）1/20万区域地质图及说明书［R］. 全国地质资料馆.

云南省地质矿产局，1987. 德钦县幅H-47-（33）1/20万区域地质图及说明书［R］. 全国地质资料馆.

西藏自治区地质调查院，2007. 德钦县幅（H47C004002）1/25万区域地质图及说明书［R］. 全国地质资料馆.

西藏自治区地质调查院，2007. 芒康县幅（H47C003002）、贡觉县幅（H47C002002）1/25万区域地质图及说明书［R］. 全国地质资料馆.

西藏自治区地质调查院，2007. 昌都县幅（H47C001001）、江达县幅（H47C001002）1/25万区域地质图及说明书［R］. 全国地质资料馆.

西藏自治区地质调查院，2005. 边坝县幅（H47C001001）1/25万区域地质图及说明书［R］. 全国地质资料馆.

夏其发，汪雍熙，1984. 试论水库诱发地震的地质分类［J］. 水文地质工程地质（1）：13-16.

夏新利，翟世龙，陶茂松，2015. 新疆克孜尔水库活断层上筑坝实例分析与对策研究［J］. 水利建设与管理，35（8）：19-24.

徐锡伟，闻学泽，于贵华，等，2005. 川西理塘断裂带平均滑动速率、地震破裂分段与复发特征 [J]. 中国科学（D辑：地球科学），35（6）：540-551.

徐锡伟，陈桂华. 2018. 活动断层避让问题探讨与建议 [J]. 城市与减灾，118（1），8-13.

许志琴，侯立玮，王大可，等，1991. "西康式"褶皱及其变形机制——一种新的造山带褶皱类型 [J]. 中国区域地质（1）：1-9.

俞维贤，安晓文，李世成，等，2012. 澜沧江流域主要断裂断层泥中石英碎砾表面 SEM 特征及其断裂活动研究 [J]. 地震研究，25（3）：275-280.

殷跃平，胡海涛，康宏达，1996. 区域地壳稳定性评价专家系统研究 [J]. 地质论评，42（2）：174-187.

张波，张进江，钟大赉，等，2009. 滇西澜沧江构造带及邻区几何学、运动学和构造年代学分析 [J]. 地质科学，44（3）：889-909.

赵文津，2001. 喜马拉雅和青藏高原深剖面及综合研究（INDEPTH）[C] //中国地质科学院"九五"科技成果汇编：17-19.

赵文津，薛光琦，吴珍汉，等，2004. 西藏高原上地幔的精细结构与构造—地震层析成像给出的启示 [J]. 地球物理学报，47（3）：449-455.

钟康惠，刘肇昌，舒良树，等，2004. 澜沧江断裂带的新生代走滑运动学特点 [J]. 地质论评，50（1）：1-8.

钟宁，郭长宝，黄小龙，等，2021. 嘉黎—察隅断裂带中南段晚第四纪活动性及其古地震记录 [J]. 地质学报，95（12）：3642-3659.

钟宁，杨镇，张献兵，等，2022. 怒江断裂带邦达断裂中段全新世活动证据及其古地震记录 [J]. 地质论评，68（6）：2021-2032.

中国地震学会地震地质专业委员会，1982. 中国活动断裂 [M]. 北京：地震出版社.

中国地震局震害防御司，1999. 中国近代地震目录（公元 1912 年—1990 年 $M_S \geqslant 4.7$）[M]. 北京：中国科学技术出版社.

中国地质科学院成都地质矿产研究所，2007. 青藏高原及邻区地质图 [M]. 北京：地质出版社.

中国科学院青藏高原综合科学考察队，1983. 西藏第四纪地质 [M]. 北京：科学出版社.

周玖，黄修武，1980. 在重力作用下的我国西南地区地壳物质流 [J]. 地震地质（4）：1-10.

周荣军，马声浩，蔡长星，1996. 甘孜—玉树断裂带的晚第四纪活动特征 [J]. 中国地震（3）：250-260.

周荣军，闻学泽，蔡长星，等，1997. 甘孜—玉树断裂带的近代地震与未来地震趋势估计 [J]. 地震地质，12（2）：20-29.

周荣军，李勇，ALEXANDER L D，等，2006. 青藏高原东缘活动构造 [J]. 矿物岩石，26（2）：40-51.

朱伯芳，2003. 1999 年台湾 921 集集大地震中的水利水电工程 [J]. 水力发电学报，80（1）：21-33.

ARMIJO R，TAPPONNIER P，HAN T，1989. Late Cenozoic right-lateral strike-slip faulting in southern Tibet [J]. Journal of Geophysical Research，94（B3）：2787-2838.

BONILLA M G，MARK R K，LIENKAEMPER J J，1984. Statistical relations among earthquake magnitude，surface rupture length，and surface fault displacement [J]. Bulletin of the Seismological Society of America，74（6）：2379-2411.

LAWSON A C，REID H F，1908. The California earthquake of April 18，1906 [R] //Report of the State earthquake investigation commission.

LIU J，KORONOVSKY N V，2017. The geological background of the May 12，2008 Ms 8.0 Wenchuan catastrophic earthquake，Longmen Shan，Western China [J]. Moscow University Geology Bulletin，72（1）：37-45.

TRIFONOV V G，1995. World map of active faults (prelimineary results of studies) [J]. Quarternary International，25：3-12.

WELLS D L，COPPERSMITH K J，1994. New empirical relationships among magnitude，rupture length, rupture width, rupture area, and surface displacement [J]. Bulletin of the Seismological Society of America, 84 (4): 974 – 1002.

YEATS R, PRENTICE C, 1996. Introduction to special section: Paleoseismology [J]. Journal of Geophysical Research: Solid Earth, 101 (B3): 5847 – 5853.

ZHONG D L, DING L, 1996. Rising Process of the Qinghai – Xizang (Tibet) Plateau and its mechanism [J]. Science in China, Ser. D (4): 369 – 379.

索　引

《中国水电关键技术丛书》
编辑出版人员名单

总责任编辑：营幼峰

副总责任编辑：黄会明　刘向杰　吴　娟

项目负责人：刘向杰　冯红春　宋　晓

项目组成员：王海琴　刘　巍　任书杰　张　晓　邹　静
　　　　　　李丽辉　夏　爽　郝　英　范冬阳　李　哲
　　　　　　石金龙　郭子君

《活动断裂带与水电工程地质》

责任编辑：王海琴

文字编辑：王海琴

审稿编辑：柯尊斌　王　勤　黄会明

索引制作：张伟恒

封面设计：芦　博

版式设计：芦　博

责任校对：梁晓静　张晶洁

责任印制：崔志强　焦　岩　冯　强

排　　版：吴建军　孙　静　郭会东　丁英玲　聂彦环

Contents

technology of China.

As same as most developing countries in the world, China is faced with the challenges of the population growth and the unbalanced and inadequate economic and social development on the way of pursuing a better life. The influence of global climate change and extreme weather will further aggravate water shortage, natural disasters and the demand & supply gap. Under such circumstances, the dam and reservoir construction and hydropower development are necessary for both China and the world. It is an indispensable step for economic and social sustainable development.

The hydropower engineering technology is a treasure to both China and the world. I believe the publication of the *Series* will open a door to the experts and professionals of both China and the world to navigate deeper into the hydropower engineering technology of China. With the technology and management achievements shared in the *Series*, emerging countries can learn from the experience, avoid mistakes, and therefore accelerate hydropower development process with fewer risks and realize strategic advancement. The *Series*, hence, provides valuable reference not only to the current and future hydropower development in China but also world developing countries in their exploration of rivers.

As one of the participants in the cause of hydropower development in China, I have witnessed the vigorous development of hydropower industry and the remarkable progress of hydropower technology, and therefore I am truly delighted to see the publication of the *Series*. I hope that the *Series* will play an active role in the international exchanges and cooperation of hydropower engineering technology and contribute to the infrastructure construction of B&R countries. I hope the *Series* will further promote the progress of hydropower engineering and management technology. I would also like to express my sincere gratitude to the professionals dedicated to the development of Chinese hydropower technological development and the writers, reviewers and editors of the *Series*.

Ma Hongqi
Academician of Chinese Academy of Engineering
October, 2019

river cascades and water resources and hydropower potential. 3) To develop complete hydropower investment and construction management system with the aim of speeding up project development. 4) To persist in achieving technological breakthroughs and resolutions to construction challenges and project risks. 5) To involve and listen to the voices of different parties and balance their benefits by adequate resettlement and ecological protection.

With the support of H. E. Mr. Wang Shucheng and H. E. Mr. Zhang Jiyao, the former leaders of the Ministry of Water Resources, China Society for Hydropower Engineering, Chinese National Committee on Large Dams, China Renewable Energy Engineering Institute, and China Water & Power Press in 2016 jointly initiated preparation and publication of *China Hydropower Engineering Technology Series* (hereinafter referred to as "the *Series*"). This work was warmly supported by hundreds of experienced hydropower practitioners, discipline leaders, and directors in charge of technologies, dedicated their precious research and practice experience and completed the mission with great passion and unrelenting efforts. With meticulous topic selection, elaborate compilation, and careful reviews, the volumes of the *Series* was finally published one after another.

Entering 21st century, China continues to lead in world hydropower development. The hydropower engineering technology with Chinese characteristics will hold an outstanding position in the world. This is the reason for the preparation of the *Series*. The *Series* illustrates the achievements of hydropower development in China in the past 30 years and a large number of R&D results and projects practices, covering the latest technological progress. The *Series* has following characteristics. 1) It makes a complete and systematic summary of the technologies, providing not only historical comparisons but also international analysis. 2) It is concrete and practical, incorporating diverse disciplines and rich content from the theories, methods, and technical roadmaps and engineering measures. 3) It focuses on innovations, elaborating the key technological difficulties in an in-depth manner based on the specific project conditions and background and distinguishing the optimal technical options. 4) It lists out a number of hydropower project cases in China and relevant technical parameters, providing a remarkable reference. 5) It has distinctive Chinese characteristics, implementing scientific development outlook and offering most recent up-to-date development concepts and practices of hydropower

General Preface

China has witnessed remarkable development and world-known achievements in hydropower development over the past 70 years, especially the 4 decades after Reform and Opening-up. There were a number of high dams and large reservoirs put into operation, showcasing the new breakthroughs and progress of hydropower engineering technology. Many nations worldwide played important roles in the development of hydropower engineering technology, while China, emerging after Europe, America, and other developed western countries, has risen to become the leader of world hydropower engineering technology in the 21st century.

By the end of 2018, there were about 98,000 reservoirs in China, with a total storage volume of 900 billion m³ and a total installed hydropower capacity of 350GW. China has the largest number of dams and also of high dams in the world. There are nearly 1000 dams with the height above 60m, 223 high dams above 100m, and 23 ultra high dams above 200m. There are also 4 mega-scale hydropower stations with an individual installed capacity above 10GW, such as Three Gorges Hydropower Station, which has an installed capacity of 22.5 GW, the largest in the world. Hydropower development in China has been en-devoring to support national economic development and social demand. It is guided by strategic planning and technological innovation and aims to promote project construction with the application of R&D achievements. A number of tough challenges have been conquered in project construction and management, realizing safe and green development. Hydropower projects in China have played an irreplaceable role in the governance of major rivers and flood control. They have brought tremendous social benefits and played an important role in energy security and eco-environmental protection.

Referring to the successful hydropower development experience of China, I think the following aspects are particularly worth mentioning. 1) To constantly coordinate the demand and the market with the view to serve the national and regional economic and social development. 2) To make sound planning of the

Informative Abstract

This book is one of *China Hydropower Engineering Technology Series*, which is about active structures and their applications in hydropower projects. Taking the Lancangjiang fault zone as an example, this book systematically discusses its activity and several important geological problems impacting hydropower projects, including tectonic setting, geometric distribution, fault activity, segmentation, and potential seismogenic ability. In addition, this book introduces the fault characteristics and activity in some upstream reaches of the Lancangjiang River, as well as the impact on the seismic and fracture resistance of hydropower projects. This book also analyses seismic geological hazards of the river reaches concerned and the research on countermeasures. This book not only summarizes the research methods of fault activity, but also analyses and refines the innovations of the research results, bringing forward the latest research results and directions on regional tectonic stability, fault activity, and seismic geological hazards.

This book is useful with abundant fundamental geological data, prominent key points, and clear views. It can be used as a reference for technicians engaged in active structure research, seismicity research, hydropower and water conservancy engineering investigation, as well as teachers and students of relevant majors in colleges and universities.

China Hydropower Engineering Technology Series

Active Fault Zone and Hydropower Engineering Geology

Yang Jian   Wu Dechao   Fan Junxi
Wang Daoyong   Zhang Dongsheng   et al.

中国水利水电出版社
China Water & Power Press
· Beijing ·